全国规模奶牛养殖场生产现状调研报告(2022)

◎祝文琪 韩 萌 刘海明 王 晶 等 著

U0306097

中国农业科学技术出版社

图书在版编目（CIP）数据

全国规模奶牛养殖场生产现状调研报告 . 2022 / 祝文琪
等著 . — 北京：中国农业科学技术出版社，2023.12
ISBN 978-7-5116-6454-9

Ⅰ . ①全⋯ Ⅱ . ①祝⋯ Ⅲ . ①乳牛场—生产管理—调
查报告—中国—2022 Ⅳ . ① S823.9

中国国家版本馆 CIP 数据核字（2023）第 189129 号

责任编辑 金　迪
责任校对 贾若妍　李向荣
责任印制 姜义伟　王思文

出 版 者　中国农业科学技术出版社
　　　　　北京市中关村南大街 12 号　邮编：100081
电　　话　（010）82106625（编辑室）　（010）82109702（发行部）
　　　　　（010）82109709（读者服务部）
网　　址　https://castp.caas.cn
经 销 者　各地新华书店
印 刷 者　北京建宏印刷有限公司
开　　本　185 mm×260 mm　1/16
印　　张　11.25
字　　数　277 千字
版　　次　2023 年 12 月第 1 版　2023 年 12 月第 1 次印刷
定　　价　86.00 元

《全国规模奶牛养殖场生产现状调研报告（2022）》

著者名单

主　　著　　祝文琪　韩　萌　刘海明　王　晶

副 主 著　　彭　华　董晓霞　王礞礞　白　军　张　超　刘　琴

参著人员　　（按照姓氏拼音排序）

阿晓辉　陈烁宇　陈自杰　　杜海涛　高　然

金　迪　刘　浩　刘慧环　　田　园　佟　艳

王均辉　王兴文　乌兰图亚　肖鑫鑫　徐环宇

张子淇

前　言

　　"十三五"以来，中国经济已由高速增长转向高质量发展阶段，基本摆脱以要素投入、规模扩张、忽视质量效益为主的粗放式增长模式，通过提高质量和效益实现了经济的良性循环和竞争力提升。与此同时，中国奶业也加快转变发展方式，快速转型升级。奶源基地建设进一步加强，奶牛养殖竞争力逐步提高；生产全程管控进一步强化，生鲜乳质量安全水平不断提高；养殖加工一体化推进提速，利益联结机制日益完善；乳品消费引导力度增大，国产优质品牌逐步深入人心，奶业振兴工作取得显著成效。

　　然而，在环保趋严、消费增长乏力、成本上涨等新的形势下，我国奶牛养殖仍面临绿色养殖发展缓慢、奶源自给率不高、生产管理水平参差不齐、原料奶价格下行等多重困境。同时，新冠疫情和"俄乌"战争等国内外复杂环境也给我国奶牛养殖行业带来了一定冲击和不确定性。在此情境下，亟须深入、准确和全面了解当前我国不同规模、不同地区奶牛场的生产经营状况，针对奶牛养殖行业面临的问题提出切实可行的解决方案。

　　2022 年 6—10 月，《中国乳业》编辑部组织多个调研小组，对全国 23 个省（区、市）的 320 家规模奶牛场进行了全面深入的调研。本报告参考了《国务院办公厅关于推进奶业振兴保障乳品质量安全的意见》中对奶业产区的划分，并根据实际调研情况，将调研样本数据分为四大地区进行整理分析，其中华北地区（河北、河南、山东、山西、北京、天津）141 家，东北内蒙古地区（内蒙古、黑龙江、辽宁）62 家，西北地区（新疆、甘肃、陕西、宁夏）75家，南方地区（安徽、江苏、湖南、广东、四川、福建、云南、上海、重庆、贵州）42家，这是《中国乳业》编辑部继2009年、2011年、2012年、2013年、2016年之后对规模奶牛场进行的第5次大规模全国性调研。

为了更加准确和全面了解养殖场真实情况，本次调研采用线下实地访谈和线上问卷调研相结合的方式，调研内容包括：奶牛繁育情况、饲料营养、奶厅管理、粪污资源化利用、奶牛福利、疾病防治、智能化设备使用、牧场人力资源、生鲜乳生产和销售以及养殖场面临的困难等，整理得到有效数据条目122240条。根据获得的第一手数据和信息，编辑部经过全面深入的分析形成了总报告1篇，专题报告7篇，区域报告4篇，汇总形成本书，同时本次调研为团队1名博士研究生研究课题的开展提供了重要支撑。

本书研究得到的所有结论仅代表编辑部的观点，希望与广大业内人士共同交流与探讨。本次调研工作和本书的编辑出版得到了奶业行业相关组织和地方奶业协会（中国农垦乳业联盟、奶牛产业技术体系北京市创新团队、河北省奶业协会、黑龙江省奶业协会、辽宁省奶业协会、河南省奶业协会、宁夏奶产业协会、陕西省奶业协会、天津市奶业协会、湖南省奶业协会、四川省奶业协会等）、地方奶业管理部门、各奶牛养殖场（小区、户）以及淄博数字农业农村研究院、利拉伐、勃林格殷格翰等单位和企业的大力支持和密切配合。编辑部的研究生也参与了前期调研及后期调研报告的写作。

同时，本书的出版得到了农业农村部政府购买服务项目"开展主要国家奶业利益联结机制及质量安全检测等（16230174）"等项目的资助。在此，一并致以衷心的感谢，并期待在今后的调研及相关工作中继续得到大家的支持！

《中国乳业》编辑部

目　录

23 个省（区、市）规模奶牛场生产管理现状调研报告

2022 年 6—10 月《中国乳业》编辑部对全国 23 个省（区、市），包括华北地区 141 家、东北地区 62 家、西北地区 75 家、南方地区 42 家规模奶牛场，通过问卷和访谈的方式进行了深入调研，调研内容包括规模奶牛场基本情况、繁育情况、饲料营养、奶厅管理、粪污处理利用、奶牛保健与疾病防治、智能化设备应用、生鲜乳销售等方面。通过数据的统计分析，了解奶业现状，指出尚需改进的地方，并提出相关建议。

1 奶牛场的基本情况

1.1 奶牛场的分布情况

此次调研共涉及 23 个省（区、市）的 320 家规模奶牛场，其中华北地区（河北、河南、山东、山西、北京、天津）141 家，东北地区（内蒙古、黑龙江、辽宁）62 家，西北地区（新疆、甘肃、陕西、宁夏）75 家，南方地区（安徽、江苏、湖南、广东、四川、福建、云南、上海、重庆、贵州）42 家。从规模分布来看，调研奶牛场以 1000 ~ 3000 头的奶牛场居多，占 36.6%，与 2010 年《中国乳业》编辑部调研的结果基本相同；3000 头以上奶牛场占 21.6%，比 2010 年的调研结果提高了 10 个百分点，这与近年来政府和行业积极倡导的建设规模奶牛场的趋势一致（表 1）。

表 1 调研奶牛场地区、规模分布及占比情况　　　　　　　　　　单位：家

地区	规模				合计
	100 ~ 500 头	501 ~ 1000 头	1001 ~ 3000 头	3000 头以上	
东北地区	4（1.3%）	13（4.1%）	26（8.1%）	19（5.9%）	62（19.4%）
华北地区	37（11.6%）	52（16.3%）	41（12.8%）	11（3.4%）	141（44.1%）
南方地区	9（2.8%）	6（1.9%）	20（6.3%）	7（2.2%）	42（13.1%）
西北地区	2（0.6%）	11（3.4%）	30（9.4%）	32（10.0%）	75（23.4%）
合计	52（16.3%）	82（25.6%）	117（36.6%）	69（21.6%）	320（100%）

注：括号中数字表示不同规模不同地区条件下的奶牛场数量占总调研奶牛场数量的比例。

1.2　奶牛场的规模情况

西北地区的奶牛场平均规模最大。不同地区调研奶牛场平均规模由大到小排序依次为西北地区、南方地区、东北地区和华北地区（图1）。西北地区和南方地区由于建场时间相对较晚，所以奶牛场规模一般都比较大，东北地区和华北地区很多奶牛场建场较早，场区扩建受土地政策等限制，一般规模较小；东北地区由于地域面积较广，奶牛场的设计规模一般比华北地区要大，所以东北地区奶牛场的平均规模高于华北地区。

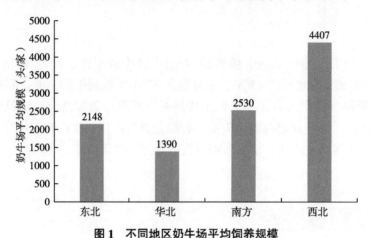

图1　不同地区奶牛场平均饲养规模

1.3　奶牛场的经营时间

不同地区奶牛场平均经营时间从长到短依次为华北地区、东北地区、南方地区和西北地区（图2）。产业布局由相关资源禀赋的集中化和相关成本的最低化等因素共同作用决定[1]。华北地区和东北地区由于拥有较长的奶牛养殖历史，大部分奶牛场建设时间比较久。南方地区随着养殖技术的不断发展，热应激得到有效的缓解和控制，加之南方地区的消费者对乳制品需求的提升，也促使近年来新建了很多奶牛场；由于华北地区、东北地区和南方地区很多奶牛场的环保压力不断增大，管控力度不断加强，以及西北地区粗饲料成本较低等因素，越来越多的奶牛场转移到或新建在西北地区，使得西北地区奶牛场平均经营时间较短。调研发现，宁夏和甘肃两省区奶牛场的平均经营时间均少于8年（图3）。其中，宁夏近1/3的奶牛场都建于2018年之后。

从规模上看（图4），存栏3000头以上的奶牛场经营时间最短。这是由于近年来兴建了很多大规模的奶牛场。万头奶牛场应有严格的质量控制规程，一些奶牛场还通过了良好生产规范（GAP）认证和有机奶牛场认证，生鲜乳生产的各个环节均能得到很好的控制，进而保证了生产质量，为乳品企业提供了大量的优质生鲜乳。目前很多省份已形成了"以质论价"的收奶机制，万头奶牛场的奶价普遍较高，并且有谈判的主动权，有利于获得更高的利润。

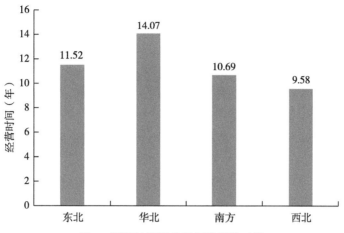

图 2　不同地区奶牛场平均经营时间

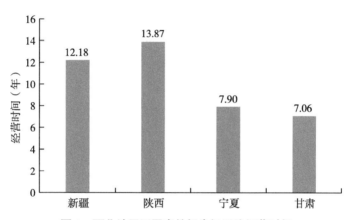

图 3　西北地区不同省份奶牛场平均经营时间

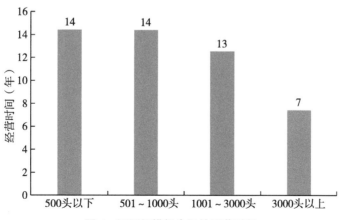

图 4　不同规模奶牛场的经营时间

1.4 奶牛场的性质

从企业性质来看，规模奶牛场可以划分为国营、集体、合资、私营、联营等类别。在调研的样本中，以国有（18.75%）和私营（63.28%）两类居多，其他类型数量有限，不具有代表性（图5）。中国的奶牛养殖规模普遍较大，乳品企业主要通过两种方式获得奶源，根据利益联结关系的紧密程度划分为自有奶源奶牛场和社会奶源奶牛场，一种是投资兴建、收购或参股奶牛场，此类奶牛场被称为乳品企业的自有奶源奶牛场；另一种是乳品企业与奶牛场无股权持有关系，通过签订合同的方式建立收购关系，此类奶牛场被称为社会奶源奶牛场。调研奶牛场中，自有奶源奶牛场占36.47%，社会奶源奶牛场占63.53%（图6）。

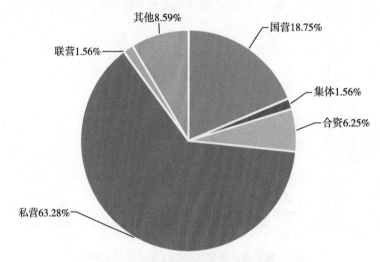

图5　不同规模奶牛场的企业性质

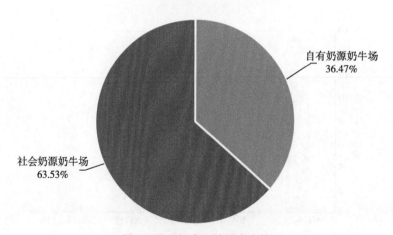

图6　调研奶牛场的投资主体

从不同地区来看，南方地区自有奶源奶牛场占据绝大优势，占比分别为南方地区70.73%，西北地区43.84%，东北地区26.67%，华北地区21.74%。华北地区社会奶源奶牛场占比最高，为 78.26%（图 7）。

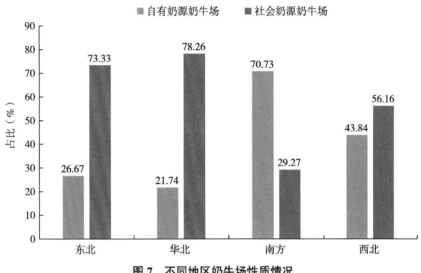

图 7 不同地区奶牛场性质情况

社会奶源奶牛场占据主要地位，这种方式获得奶源的成本较低，但由于从属关系弱，在奶源紧张时，乳品企业需投入一定的成本，采取积极措施维护奶源的稳定。自有奶源奶牛场在 3000 头以上奶牛场中占比较多，为 49.25%，自有奶源奶牛场能够更好地保证奶源质量稳定以及供应量的稳定（图 8）。

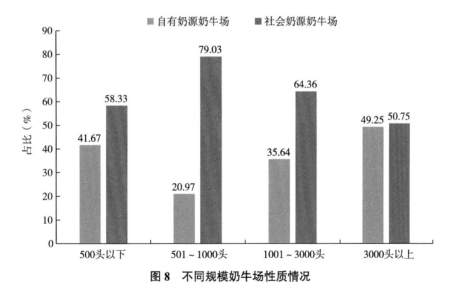

图 8 不同规模奶牛场性质情况

1.5 人均饲养牛头数情况

奶牛场人均饲养奶牛头数为 38 头，奶牛场规模越大，人均饲养牛头数量越多（图 9），较大规模奶牛场的平均总产奶量也远远高于较小规模奶牛场，产出对分配成本的分摊显示出了显著的规模效益[2]。

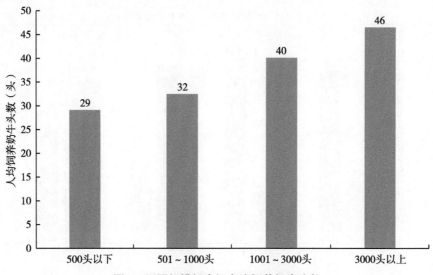

图9　不同规模奶牛场人均饲养奶牛头数

从不同地区来看，东北地区奶牛场人均饲养奶牛头数为39头，华北地区奶牛场人均饲养奶牛头数为37头，南方地区奶牛场人均饲养奶牛头数为32头，西北地区奶牛场人均饲养奶牛头数为43头（图10）。西北地区的奶牛场平均规模最大，分摊下来每个技术员负责的牛头数最多，这也初显了奶牛养殖在人工成本投入方面的规模经济效应。

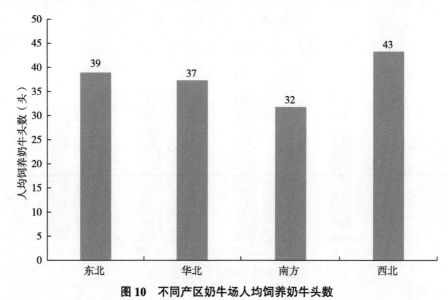

图10　不同产区奶牛场人均饲养奶牛头数

1.6　奶牛场负责人学历结构

从整体上看（图11），奶牛场负责人学历以专科或本科为主（57.42%），硕士及以上仅占 5.16%。奶牛场规模越大，其负责人平均文化程度越高，专科及以上学历的比例越高。总的来看（图 12），1000 头以下规模奶牛场中负责人文化程度以高中或中专及以下水平为主，1000 头以上规模奶牛场中负责人文化程度以专科或本科为主，奶牛场负责人文化程度为硕士及以上的情况仅出现养殖规模在 1000 头以上的规模奶牛场中。奶牛养殖从业者的年龄结构和文化水平与养殖规模呈现较为明显的相关性。随着奶牛场生产规模化、自动化及社会对乳制品质量需求的提高，生产中对奶牛场负责任人专业技能和从业经验的要求也不断提高[3]。

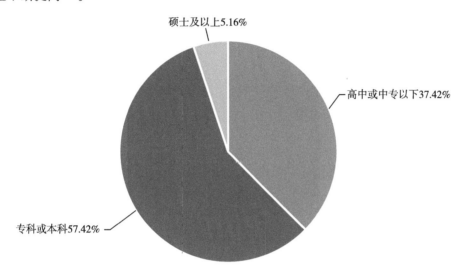

图 11　奶牛场负责人学历情况

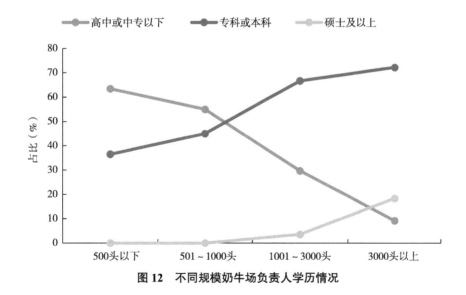

图 12　不同规模奶牛场负责人学历情况

　　不同地区之间，奶牛场负责人的学历情况也有所不同，除华北地区外，其他地区奶牛场负责人文化程度主要以专科或本科为主。而华北地区奶牛场中负责人文化程度主要以高中或中专及以下为主，占比为 59.42%（图 13）。

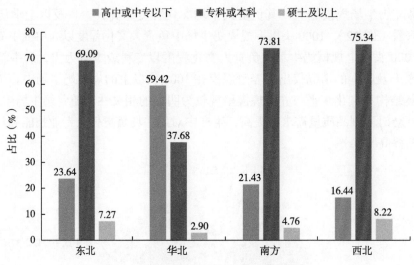

图 13　不同地区奶牛场负责人学历情况

2　饲养管理情况

2.1　繁育情况

2.1.1　奶牛品种

奶牛分为乳用型品种和乳肉兼用型品种，其中，乳用型品种有荷斯坦牛、娟姗牛和瑞士褐牛等；乳肉兼用型品种包括西门塔尔牛、丹麦红牛、短角牛、三河牛和褐牛等。在调研的奶牛场中，有 96.88% 的奶牛场饲养荷斯坦牛（图 14）。目前荷斯坦牛属于中国奶业

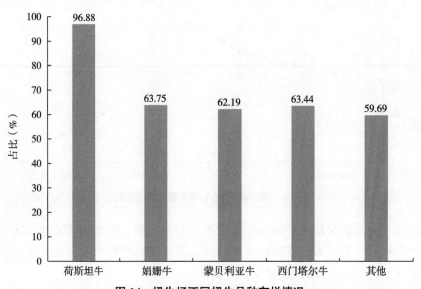

图 14　奶牛场不同奶牛品种存栏情况

生产的主流品种，西门塔尔牛由于属于乳肉兼用品种，主要在牧区部分范围内饲养。而娟姗牛属于热带奶牛品种，主要在广东、广西等省区小范围饲养[4]。绝大部分奶牛场选用荷斯坦牛的原因是荷斯坦牛是目前世界上产奶量最高、饲养数量最多的奶牛品种。但荷斯坦牛对饲料要求比较高，不耐粗饲，抗病性相对比较低，而且乳脂率、乳蛋白率和干物质含量与娟姗牛、西门塔尔牛等品种相比均较低，因此，有部分奶牛场还同时饲养了其他品种的奶牛，如有 63.75% 的奶牛场饲养了娟姗牛，有 63.44% 的奶牛场饲养了西门塔尔牛，有 62.19% 的奶牛场饲养了蒙贝利亚牛。这些品种的奶牛，有的乳脂率、乳蛋白率及干物质含量较高，或者适应性和抗病性较强，耐高温高湿和粗饲，或者出肉率较高。

2.1.2 进口和国产冻精使用

选配计划是整个牛群育种的核心，精液的选择必须以选配计划为依据。随着全球育种进程的加速，人们不再仅仅考虑生产性状，体型外貌、配合力、畜群寿命、体细胞性状等的评定已经被加入工作日程。调研奶牛场使用的进口普通冻精品牌前五名分别为先马士商贸（上海）有限公司（24.09%）、美国环球种畜有限公司（23.36%）、ABS（20.44%）、北京向中生物技术有限公司[1]（14.60%）、北京艾格威畜牧技术服务有限公司（7.30%）（图 15）。

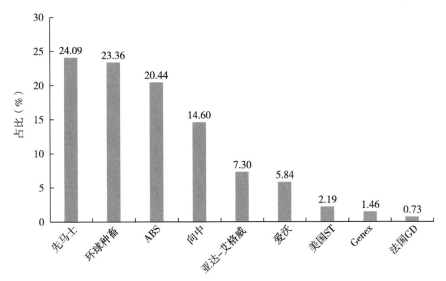

图 15　奶牛场进口普通冻精品牌使用情况

性控冻精对奶牛遗传改良的作用较大，它能快速扩繁母牛数量，加快育种进程，从而使奶牛繁育改良的速度提高将近一倍。同时，它可以改善牛群基因价值，降低难产率。调研奶牛场使用的进口性控冻精品牌前五名分别为美国环球种畜有限公司（26.77%）、先马士（23.62%）、ABS（20.47%）、北京向中生物技术有限公司（16.54%）和亚达 – 艾格威（5.51%）（图 16）。

---

[1] 北京向中生物技术有限公司是美国国际资源育种公司（简称 CRI）在中国唯一的业务执行机构，CRI 是世界上最大的综合性畜育种公司，由 Genex、AgSource 和 Central Livestock Association（CLA）三方组成，2005 年向中公司与美国 Genex 公司达成战略合作，全权执行其在中国的所有业务。

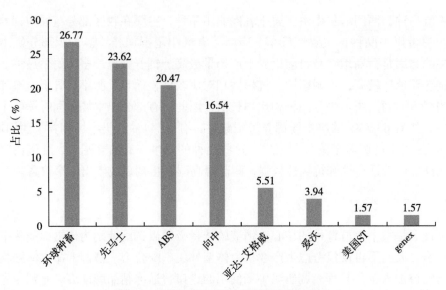

图16 奶牛场进口性控冻精品牌使用情况

从总体上来看，奶牛场全部用进口冻精占比为49.63%，全部用国产冻精占比为18.89%（图17）。西北地区（66.15%）、东北地区（58.93%）和南方地区（53.33%）全部用进口冻精的比例大于90%，华北地区全部用进口冻精的比例为35.29%（图18）[1]。

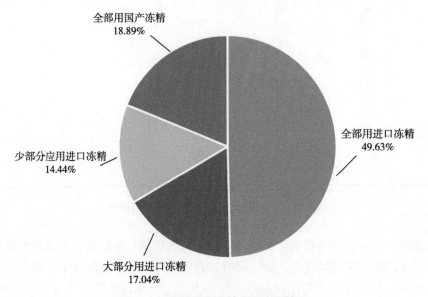

图17 奶牛场进口冻精全群应用情况

---

[1] 进口冻精全群应用情况来源于调研问卷中使用进口冻精比例和使用国产冻精比例修正后的数据，其中将使用进口冻精比例为91%～100%划分为全部用进口冻精；使用进口冻精比例为51%～90%划分为大部分用进口冻精；使用进口冻精比例为10～50%划分为少部分应用进口冻精；使用进口冻精比例为10%以下划全部国产冻精。

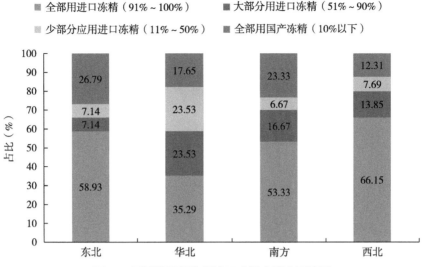

图 18　不同地区奶牛场进口冻精全群应用情况

从不同规模来看，规模越大，全部用进口冻精的占比越高，3000头以上的规模奶牛场全部用进口冻精的比例较高（65%），其中 1001～3000 头规模奶牛场进口冻精使用比例大于 50% 的占比为 75.79%，3000 头以上规模奶牛场进口冻精使用比例大于 50% 的占比为 80.00%（图 19）。

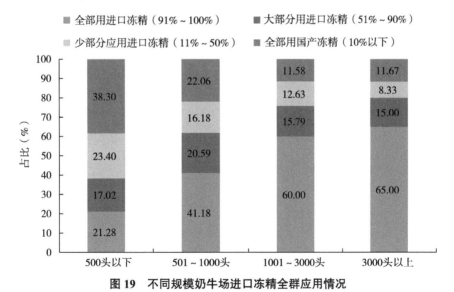

图 19　不同规模奶牛场进口冻精全群应用情况

2.1.3　胚胎移植

在奶牛场的胚胎移植情况中，无应用的比例为 84.48%，使用国产胚胎的比例为 6.90%，使用进口胚胎的比例为 8.62%（图 20）。

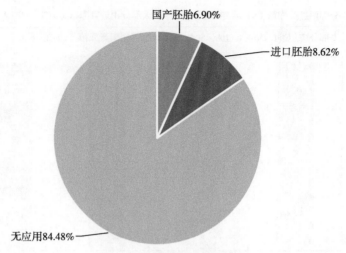

国产胚胎6.90%

进口胚胎8.62%

无应用84.48%

图20　奶牛场胚胎移植情况

2.2　饲料营养

2.2.1　种植基地情况

调研奶牛养殖种植基地情况以租赁种植基地（32.76%）、流转种植基地（31.91%）和自有种植基地（31.62%）为主（图21）。从不同地区来看，奶牛场使用自有种植基地占比最高的是东北地区（38.89%），其次是华北地区、西北地区、南方地区；奶牛场使用租赁种植基地占比最高的是华北地区（35.38%），其次是南方地区、西北地区、东北地区；奶牛场使用流转种植基地占比最高的是东北地区（33.33%），其次是西北地区、华北地区、南方地区（图22）。从不同规模来看，3000头以上的规模奶牛场的种植基地以流转种植基地为主，1000～3000头及以上的规模奶牛场的种植基地以自有种植基地和租赁种植基地为主，501～1000头规模奶牛场的种植基地以租赁种植基地为主，500头以下规模奶牛场的种植基地以流转种植基地为主（图21）。

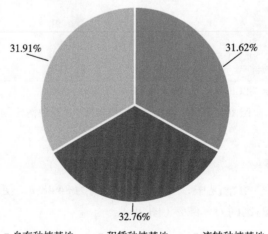

31.91%　　　　31.62%

32.76%

■ 自有种植基地　　■ 租赁种植基地　　■ 流转种植基地

图21　奶牛场种植基地情况

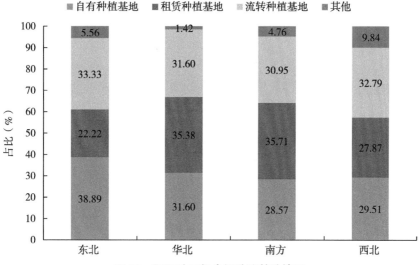

图22 不同地区奶牛场种植基地情况

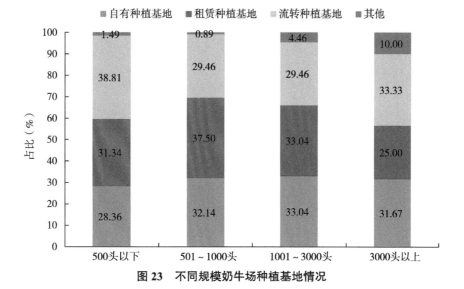

图23 不同规模奶牛场种植基地情况

2.2.2 种植基地主要种植品种

总体来看，奶牛场种植基地主要种植品种为玉米（61.40%）＞小麦（16.72%）＞燕麦（9.42%）＞苜蓿（8.81%）（图24）。从不同地区来看，华北地区和南方地区与总体情况一致，东北地区燕麦种植排名第二，西北地区苜蓿种植排名第二（图25）。从不同规模来看，3000头以下规模奶牛场与总体情况一致，3000头以上规模奶牛场苜蓿种植排名第二，其次是燕麦和小麦（图26）。

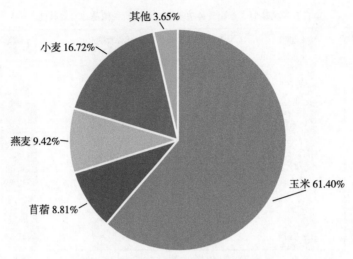

图 24 奶牛场种植基地主要种植品种

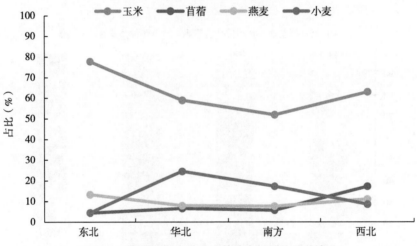

图 25 不同地区奶牛场种植基地主要种植品种情况

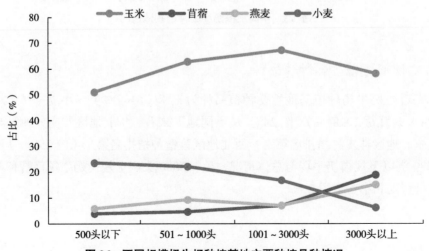

图 26 不同规模奶牛场种植基地主要种植品种情况

2.2.3　青贮饲料原料的种植和收割方式

调研奶牛场青贮饲料原料的种植和收割方式主要有 3 种，即大型种植户 / 合作社签订合同、自行租地种植、与农户直接签订合同，占比分别为 51.33%、28.02% 和 20.65%（图 27）。从不同地区看，各产区的情况与总体情况一致，即大型种植户 / 合作社签订合同占比最多，其次为自行租地种植，与农户直接签订合同占比最少（图 28）。从不同规模来看，存栏 500 头以上的规模奶牛场与总体情况一致，而 500 头以下的规模奶牛场与农户直接签订合同占比排名第二（图 29）。

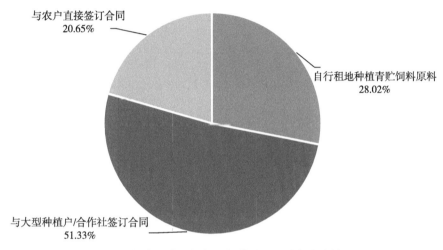

图 27　奶牛场青贮饲料原料的种植和收割方式情况

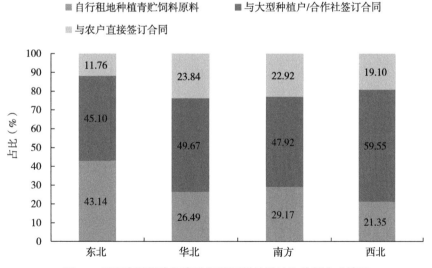

图 28　不同产区奶牛场青贮饲料原料的种植和收割方式情况

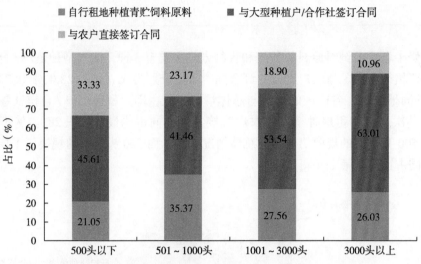

图 29　不同规模奶牛场青贮饲料原料的种植和收割方式情况

2.2.4　饲料配方设计

调研奶牛场饲料配方的设计主要有 3 种，即奶牛场专职营养师设计、预混料企业营养师设计、饲料添加剂企业设计，占比分别为 41.29%、35.48%、16.45%（图 30）。从不同地区来看，东北、南方、西北 3 个地区与总体情况一致，而华北地区主要以预混料企业营养师设计为主，其次为奶牛场专职营养师设计（图 31）。从不同规模来看，1000 头以上的规模奶牛场与总体情况一致，1000 头以下的规模奶牛场主要以预混料企业营养师设计饲料配方为主（图 32）。

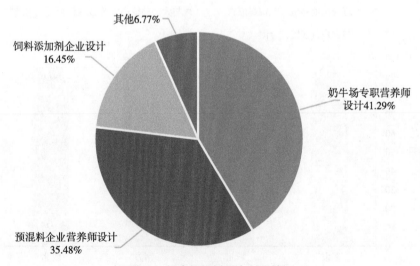

图 30　奶牛场饲料配方制作情况

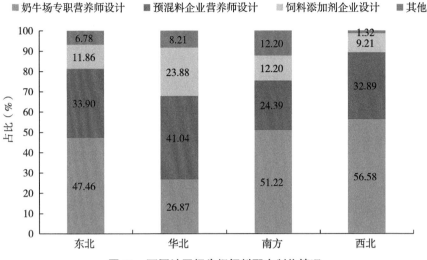

图 31　不同地区奶牛场饲料配方制作情况

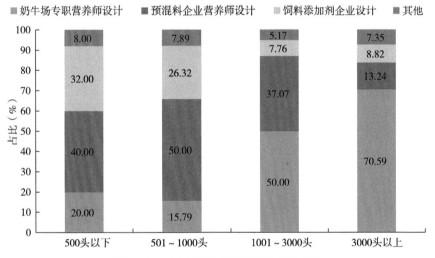

图 32　不同规模奶牛场饲料配方制作情况

2.3　奶厅管理

2.3.1　挤奶机类型

挤奶机类型主要有并列式、转盘式、鱼骨式、中置式、挤奶机器人 5 种，在调研奶牛场中的使用占比分别为 46.57%、25.71%、22.29%、2.29% 和 0.57%（图 33）。并列式的挤奶机类型在不同的地区都占有绝对的优势，并列式挤奶机配备多个挤奶单元，每个单元可以独立地挤奶，因此可以同时挤奶多头奶牛，减少劳动力成本，提高挤奶的效率。此外，并列式挤奶机采用模块化设计，操作和维护相对简单，易于拆卸和清洁。从不同地区来看，东北地区和西北地区与总体情况一致，华北地区和南方地区鱼骨式挤奶机排名第二（图 34）。从不同规模来看，随着奶牛场规模的不断扩大，转盘式挤奶机的应用比例也在不断提高，鱼骨式挤奶机、中置式挤奶机、挤奶机器人的应用比例在不断下降，并列式挤奶机在 501～3000 头规模奶牛场的应用比例较高（图 35）。

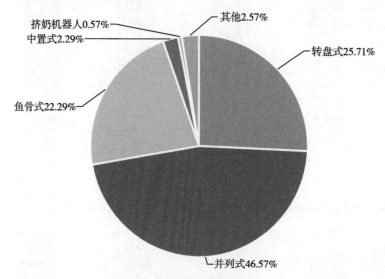

图 33　奶牛场挤奶机类型情况

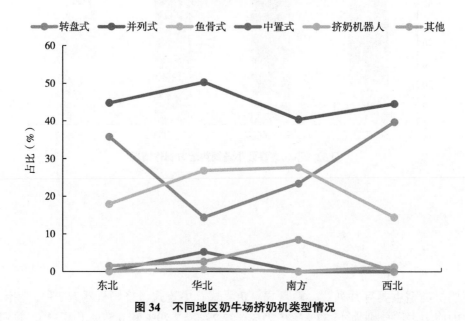

图 34　不同地区奶牛场挤奶机类型情况

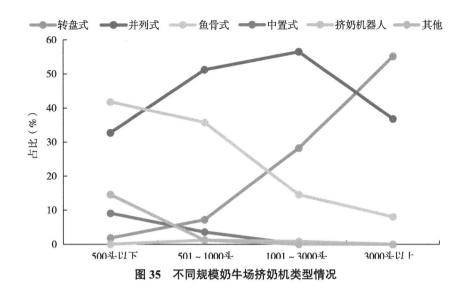

图 35　不同规模奶牛场挤奶机类型情况

2.3.2　DHI 测定

（1）系谱记录。

系谱记录的类型为无牛只系谱记录、有系谱记录，不进行 DHI 测定[1]、有系谱记录，进行 DHI 测定 3 种。目前调研奶牛场有系谱记录、进行 DHl 测定的比例最高（62.82%）（图 36）。系谱记录内容包括奶牛本身、父母及祖代的名字、注册号、生产性能、体型特征、估计育种值或预测传递力等信息，为育种工作提供了重要的参考资料[5]。系谱测定提供了奶牛家族的基本信息和遗传特征，而 DHI 获得的数据不仅可以用于指导奶牛场的经营管理、疾病防控、营养调控，还可以用于公母牛尤其是种公牛的遗传评定，为提高整个牛群的遗传水平服务[6]。通过将两者结合起来，可以更加科学地进行奶牛的繁殖、选种和养殖管理，提高养殖效率和乳制品的质量。

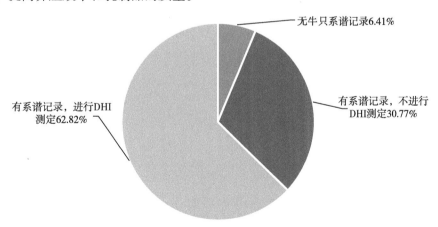

图 36　奶牛场系谱记录情况

---

[1] 奶牛群改良（Dairy Herd Improvement，DHI），又称奶牛生产性能测定体系，我国目前 DHI 测定的主要内容为牛群产奶性能，包括在测定产奶量、乳脂率、乳蛋白率和体细胞数等数据的基础上，收集牛群饲养管理与日常记录的数据，如个体牛系谱、出生日期、产犊日期、干奶日期以及淘汰日期等，再将这些数据加工处理，形成 DHI 报告，反馈牛场指导其经营管理。

（2）奶样采集。

通过DHI报告可以及时掌握奶牛产奶水平变化，准确把握奶牛健康状况，提高生鲜乳质量[7]。DHI检测奶样的采集分早班奶、中班奶、晚班奶、3次奶混合4种。总体来看，DHI检测奶样采集用中班奶的占比最高（41.81%），其次是早班奶（21.98%）、晚班奶（17.67%）、三次奶混合（18.53%）（图37）。中班奶指的是在一天的中午时间段（通常是上午10点到下午2点之间）产出的奶，中班奶的产量通常比早晨和晚上的产量低，采集中班奶主要是因为奶牛在中午时间段通常会选择休息和进食，奶样采集较为方便。从不同地区来看，南方和西北地区与总体情况一致，华北地区DHI检测奶样采集的中班奶排名第一，其次是晚班奶、早班奶、3次奶混合（图38）。从不同规模来看，500头以上规模奶牛场DHI检测奶样采集主要用中班奶，500头以下规模奶牛场DHI检测奶样采集主要用3次奶混合（图39）。

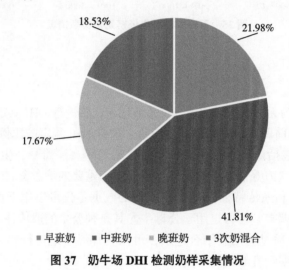

图37 奶牛场DHI检测奶样采集情况

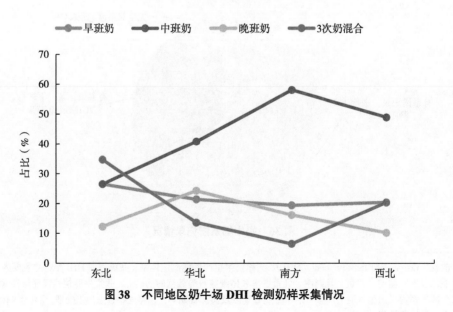

图38 不同地区奶牛场DHI检测奶样采集情况

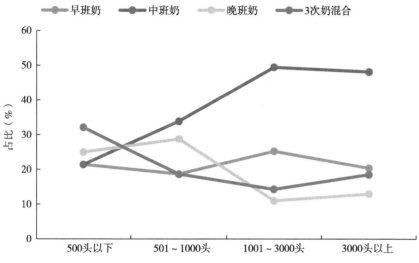

图 39　不同规模奶牛场 DHI 检测奶样采集情况

（3）关键指标。

奶牛场最关注的 DHI 指标是日产奶量（13.43%），305 天产奶量（12.77%），泌乳持续力（11.98%），体细胞数（11.59%），乳脂率（9.87%）（图 40）。产奶量不仅可以反映奶牛的健康状况和品种优劣，还可以直接影响奶牛场的经济效益[8]。从不同地区看，东北地区和华北地区奶牛场最关注的 DHI 报告指标为日产奶量，南方地区奶牛场最关注的 DHI 报告指标为泌乳持续能力，西北地区奶牛场最关注的 DHI 报告指标均为日产奶量、年产奶量和泌乳持续力（图 41）。从不同规模来看，1001～3000 头规模奶牛场最关注的 DHI 报告指标为体细胞数（21.73%），1000 头以下、3000 头以上的规模奶牛场最关注的 DHI 报告指标均为日产奶量（图 42）。

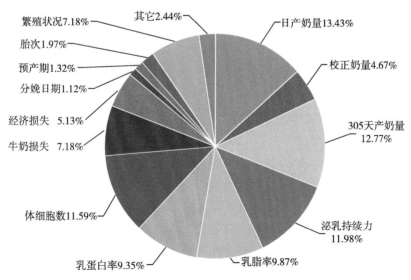

图 40　奶牛场 DHI 检测奶样采集情况

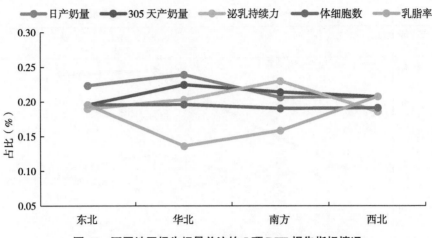

图 41　不同地区奶牛场最关注的 5 项 DHI 报告指标情况

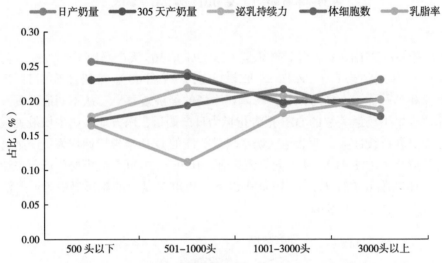

图 42　不同规模奶牛场最关注的 5 项 DHI 报告指标情况

2.4　奶牛保健

2.4.1　年死淘率

奶牛年死淘率是指在一年内奶牛场中死亡或淘汰的奶牛数量占总存栏奶牛数量的比例，它是衡量奶牛场管理水平和生产效益的重要指标之一。调研奶牛场的年死淘率平均为 15.21%。从不同地区来看，东北地区奶牛场的年死淘率最高（16.51%），华北地区奶牛场的年死淘率最低（13.51%）（图 43）。从不同规模来看，3000 头以上规模奶牛场的年死淘率最高（16.96%），500 头以下的规模奶牛场的年死淘率最低（9.37%）。奶牛场规模和奶牛年死淘率之间存在一定的关系，随着奶牛场规模的不断扩大，年死淘率也在不断增加（图 44）。

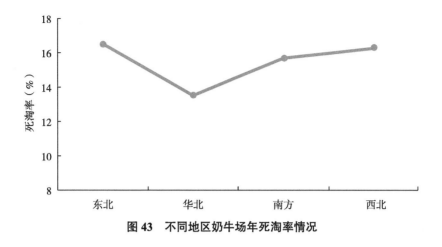

图 43　不同地区奶牛场年死淘率情况

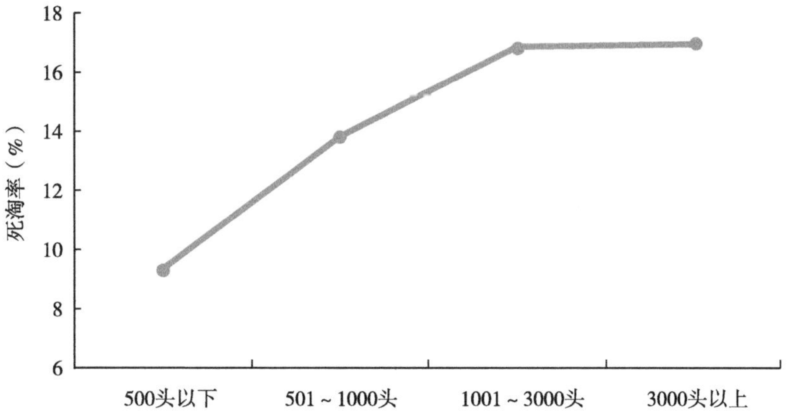

图 44　不同规模奶牛场年死淘率情况

2.4.2　造成高死淘率的主要疾病因素

造成高死淘率的主要疾病有消化系统疾病、繁殖疾病、代谢性疾病、肢蹄病、乳房炎、物理损伤等。排名第一的是繁殖疾病（21.87%），造成奶牛繁殖障碍的主要原因是营养因素、内分泌因素和生殖系统疾病等[9]（图 45）。从不同地区来看，造成东北地区奶牛场高死淘率的主要疾病为乳房炎（21.00%），造成华北地区奶牛场高死淘率的主要疾病为繁殖疾病（25.41%），造成南方地区奶牛场高死淘率的主要疾病为肢蹄病（20.54%），造成西北地区奶牛场高死淘率的主要疾病为消化系统疾病（28.47%）（图 46）。从不同规模来看，造成 1000 头以下规模奶牛场高死淘率的主要疾病为繁殖疾病，造成 1001～3000头规模奶牛场高死淘率的主要疾病为肢蹄病（20.43%），造成 3000 头以上规模奶牛场高死淘率的主要原因为消化系统疾病（29.20%）（图 47）。

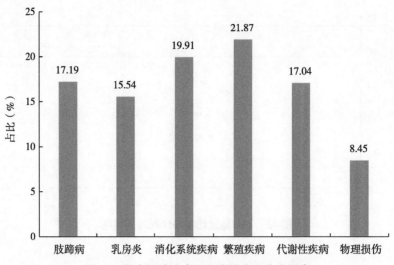

图 45　奶牛场造成高死淘率的主要疾病因素

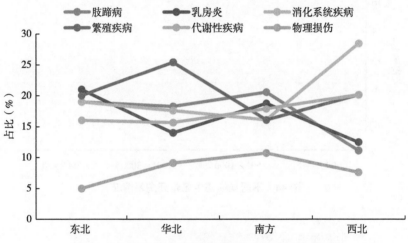

图 46　不同地区奶牛场造成高死淘率的主要疾病因素

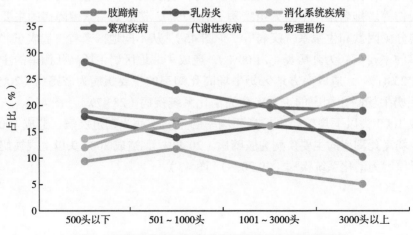

图 47　不同规模奶牛场造成高死淘率的主要疾病因素

2.5 粪污处理

2.5.1 卧床垫料

牛床垫料的管理可直接影响动物的舒适性，牛床垫料舒适性增加会提高奶牛的体重及生产性能，因为奶牛每天有 50% ～ 60% 的时间趴卧在卧床上休息和反刍[10]。传统牛舍垫料一般为牛粪、沙子、稻草、锯末、刨花、谷壳、谷类秸秆等[11]。总体来看，在调研的奶牛场中，卧床垫料使用牛粪的最多，占比为 40.61%，使用沙子排名第二，占比为 38.40%。由于牛粪垫料具有吸水性和保水性的特点，相对于橡胶垫卧床、沙子湿度也较大、温度也较低，使得夏季相对凉爽，冬季相对冰冷[10]（图 48）。从不同地区来看，东北地区和西北地区卧床垫料使用最多的是沙子，华北地区和南方地区卧床垫料使用最多的是牛粪（图 49）。从不同规模来看，1001 ～ 3000 头和 3000 头以上规模奶牛场与总体情况一致，500 头以下规模奶牛场卧床垫料使用沙子排名第一，牛粪排名第二。为延长奶牛趴卧时间，提高产乳量，有条件的奶牛场，牛舍内可以选择橡胶垫作为卧床，运动场表面使用干燥牛粪铺垫，为使奶牛趴卧时间更加理想，夏季时可以在橡胶垫上铺垫一层干燥牛粪，冬季时将牛粪清除[10]（图 50）。

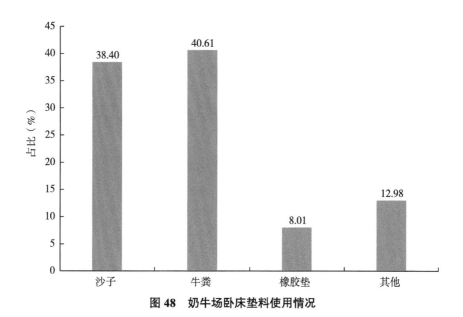

图 48 奶牛场卧床垫料使用情况

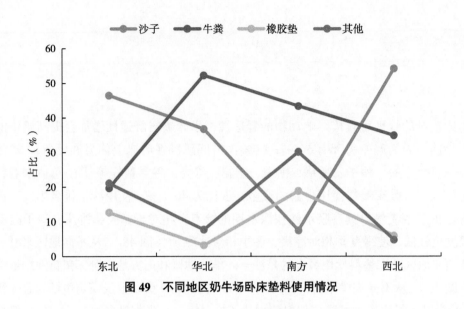

图 49　不同地区奶牛场卧床垫料使用情况

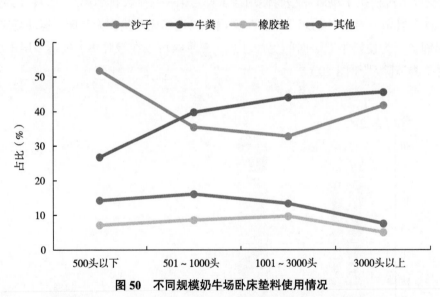

图 50　不同规模奶牛场卧床垫料使用情况

3　奶牛单产和生鲜乳质量

3.1　泌乳牛的单产

奶牛泌乳效率不仅受采食量、牛舍环境、卫生保健、水质水温、原料质量、应激反应及饲养管理等多种因素的影响[12,13]，同时也受不同环境和地区的影响[14]。西北地区奶牛单产最高，其中冬季奶牛日单产均值为33.88kg，夏季奶牛日单产均值为34.35kg。从不同地区看，奶牛日单产从高到低分别为西北地区、华北地区、东北地区和南方地区（图51）。西北地区单产高主要由于新建奶牛场较多，养殖规模较大；南方地区虽然新建的、规模大的奶牛场也较多，但是由于南方气候温湿度较高，奶牛热应激反应严重，所以可能奶牛单产较低。从奶牛场规模看，规模越大的奶牛场，资金越雄厚，越有实力配备和引进先进的设备和技术以优化饲养管理，再加上规模越大的奶牛场，建场时间也越短，奶牛场规划也更加合理，为引进先进设备创造了条件，单产也就会越高，调研发现500头以下奶牛场平均日单产比3000头以上的奶牛场低了近12.92%（图52）。

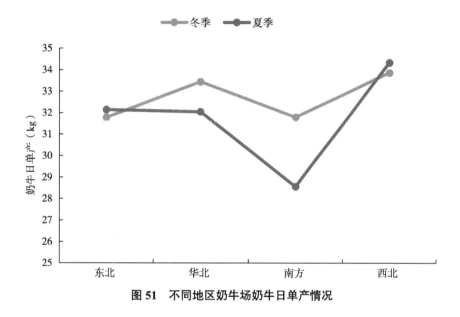

图51　不同地区奶牛场奶牛日单产情况

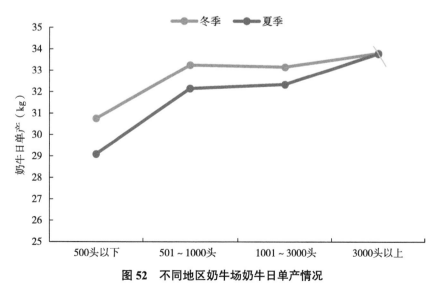

图52　不同地区奶牛场奶牛日单产情况

3.2 生鲜乳质量

3.2.1 乳脂率、乳蛋白率

乳脂率和乳蛋白率是决定牛奶品质的重要成分。受综合因素的影响，夏季生鲜乳的乳脂率和乳蛋白率都处于较低水平，而冬季较高[15]，这可能与环境温度有关，夏季高温高湿，给奶牛造成一系列的不良生理反应，如采食量下降、乳腺疾病发病率增加等。其中，乳脂含量的国家标准为 ≥ 3.1%，调研的规模奶牛场生鲜乳冬季乳脂率的平均值为 3.99%、夏季乳脂率的平均值为 3.78%，远高于国家标准；乳蛋白含量的国家标准为 ≥ 2.8%，规模奶牛场生鲜乳冬季乳蛋白含量的平均值为 3.32%，夏季乳蛋白含量的平均值为 3.21%，远高于国家标准（表 2）。

表 2　不同地区、不同规模奶牛场乳脂率、乳蛋白率情况

指标	季节	平均值	地区				规模			
			东北	华北	南方	西北	500 头以下	501～1000 头	1001～3000 头	3000 头以上
乳脂率（%）	冬季	3.99	3.99	3.97	3.99	4.02	3.99	4.05	3.97	3.98
	夏季	3.78	3.74	3.72	3.91	3.83	3.71	3.75	3.80	3.79
乳蛋白率（%）	冬季	3.32	3.26	3.33	3.38	3.34	3.29	3.34	3.32	3.33
	夏季	3.21	3.14	3.20	3.32	3.21	3.18	3.19	3.22	3.22

3.2.2 体细胞数、菌落总数

体细胞数和菌落总数是衡量奶牛乳房健康状况和生鲜乳质量的重要指标，乳中体细胞数是指每毫升乳中所含体细胞的个数，当奶牛乳房受到感染或损伤时，体细胞的数量会明显增加[16]。欧盟和新西兰规定生鲜乳中体细胞数 ≤ 40 万个 /mL，调研的规模奶牛场生鲜乳结果显示，夏季体细胞数平均值为 18.52 万个 /mL，冬季体细胞数平均值为 16.66 万个 /mL，远低于欧盟和新西兰标准（表 3）。

菌落总数是指每毫升乳中含有的细菌个数，是反映奶牛场卫生环境、挤奶操作环境、牛奶保存和运输情况的一项重要指标。乳中微生物含量高，不仅会引起牛奶变味和变质，而且很可能造成巴氏杀菌失败，使商品奶中细菌超标[16]。世界各国都对生鲜乳中的菌落总数进行了限定，菌落总数的国家标准为 ≤ 200 万个 /mL。调研的规模奶牛场夏季菌落总数平均值为 2.20 万个 /mL，冬季菌落总数平均值为 2.18 万个 /mL，远低于国家限量值（表 3）。

表 3　不同地区、不同规模奶牛场体细胞数、菌落总数情况

指标	季节	平均值	地区				规模			
			东北	华北	南方	西北	500 头以下	501～1000 头	1001～3000 头	3000 头以上
体细胞数（万个 /mL）	冬季	16.66	17.09	16.99	18.23	15.18	17.78	16.09	17.15	15.81
	夏季	18.52	18.15	19.22	21.55	16.39	21.63	19.04	18.09	17.13
菌落总数（万个 /mL）	冬季	2.18	1.56	1.68	4.71	2.10	3.82	2.71	1.67	1.88
	夏季	2.20	2.26	1.71	3.82	1.98	4.15	1.90	2.00	1.82

4　奶牛场的成本情况

公斤奶完全成本和公斤奶饲料成本

调研的规模奶牛场公斤奶完全成本平均值为 3.98 元 /kg，公斤奶饲料成本平均值为 2.96 元 /kg。从不同地区来看，南方地区奶牛场公斤奶完全成本最高，东北地区奶牛养殖公斤奶饲料成本最低（图 53）。从不同规模来看，501 ～ 1000 头规模奶牛场公斤奶完全成本和饲料成本高于其他规模奶牛场（图 54）。

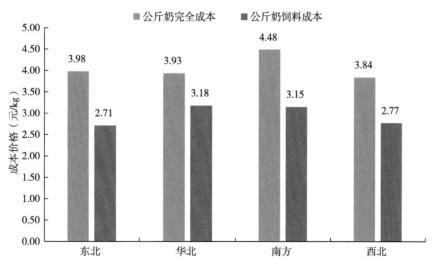

图 53　不同地区奶牛场公斤奶完全成本和饲料成本情况

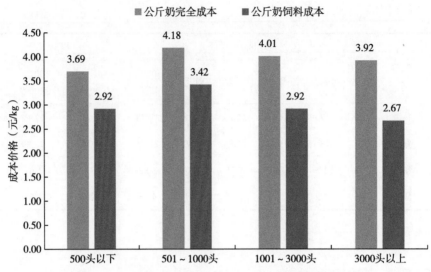

图54　不同规模奶牛场公斤奶完全成本和饲料成本情况

5 结论

5.1 大规模奶牛场和西北地区奶牛场负责人学历占比较高，养殖专业化更强，饲料成本更低

奶牛场负责人文化水平越高，聘请专职营养师的比重越高，饲料搭配更合理，提高了饲料利用率。从不同规模来看，3000头以上奶牛场负责人文化水平在专科或本科以上比重更高，为90.76%，且有70%的奶牛场有专职营养师，平均饲料成本2.67元/kg，远低于其他规模奶牛场。从不同地区来看，西北地区奶牛场负责人文化水平在专科或本科以上比重较高，为84%，有57%的奶牛场有专职营养师，该地区奶牛场平均饲料成本为2.77元/kg，低于其他地区奶牛场。

5.2 大规模奶牛场和东北地区奶牛场奶牛死淘率较高，繁殖类和消化类疾病是主要影响因素

奶牛死淘率是影响奶牛场竞争力的重要指标，调研奶牛场的年死淘率平均为15.21%。从不同地区来看，东北地区奶牛场的年死淘率最高，为16.51%，华北地区奶牛场的年死淘率最低，为13.51%。从不同规模来看，规模越大，死淘率越高，3000头以上规模奶牛场的年死淘率最高，为16.96%，500头以下的规模奶牛场的年死淘率最低，为9.37%。导致死淘率较高的主要因素是繁殖类疾病和消化类疾病，但不同地区、不同规模具有差异，东北地区高死淘率主要是繁殖类疾病和乳房炎引起的，占比分别为20%和21%，3000头

以上规模奶牛场高死淘率主要是消化类疾病和代谢性疾病引起的，占比分别为 29.2% 和 21.9%。

5.3 奶牛场苜蓿和冻精的进口依赖较高

奶牛场种植基地主要种植品种为玉米（61.4%），苜蓿的占比仅为 8.81%，目前我国苜蓿草种植面积的扩大和产量的提高暂时无法追赶上乳业和畜牧业对优质苜蓿草的需求增长，很大一部分苜蓿草供给不得不依赖国际市场。奶牛场全部用进口冻精占比为 49.63%，全部用国产冻精占比为 18.89%。不同地区来看，西北地区（66.15%）、东北地区（58.93%）和南方地区（53.33%）全部应用进口冻精的比例大于 50%，华北地区全部使用进口冻精的比例为 35.29%。从不同规模来看，规模越大，全部用进口冻精的占比越高，3000 头以上的奶牛场全部用进口冻精的比例较高（65%），其中 1001～3000 头奶牛场进口冻精使用比例大于 50% 的占比为 75.79%，3000 头以上奶牛场进口冻精使用比例大于 50% 的占比为 80%。

6 建议

6.1 提升奶牛场管理水平，树立科学养殖理念

一方面，基于当前养殖场管理人员现状，加强养殖场管理人员培训，促进奶牛场之间交流。管理人员要合理安排岗位员工，科学有效组织与管理生产，制定科学、合理的规章制度，实施有效的考核目标和奖惩办法，定期组织员工技术培训，提高奶牛场生产水平。另一方面，对于奶牛养殖不同环节，要加强科学理念的运用，尤其是饲料环节，作为奶牛养殖主要成本支出部分，日粮营养水平不仅影响产奶量，而且影响乳脂率，从而影响养殖收益。因此，奶牛场在保证日粮营养水平的前提下，选择优质饲料，科学控制粗精饲料比例，以提高产奶量、降低成本。

6.2 加强奶牛疫病管理，提高奶牛场竞争力

一是建立完善的免疫接种制度，免疫接种是预防和控制动物传染病的重要措施之一，进行有计划的免疫接种可以有效的预防和控制奶牛传染病。二是建立免疫监管制度，对奶牛场相关疾病的免疫实行防疫监管制度，对奶牛场防疫条件实行严格的审核制度，奶牛场的场址、布局、设施必须符合动物防疫要求。动物防疫监督机构每年要对奶牛场的防疫条件进行严格审核，符合要求的方可发放《动物防疫合格证》。三是加强宣传与培训，提高职工防范意识。奶牛较低的疾病发生率将有效提高奶牛生产性能，改善生鲜乳质量，提高养殖收益。四是推广奶牛场自动发情检测技术的应用，传统的人工发情监测方式因成本

高、揭发率低等问题已经不能满足规模奶牛场的发展。自动发情检测技术围绕奶牛个体生长、生理等养殖健康数字化表征指标进行智能化感知，可以及时发现异常情况，从而有助于减少奶牛疾病的发生。

6.3　饲料应用多元化，增强育种创新能力

一方面，从营养成分的角度来看，饲草具有可替代性，是降低养殖成本的重要基础。针对奶牛场苜蓿较高的进口依赖性，可采取减量替代措施，提高养殖收益，保证奶牛养殖的可持续发展。一是奶牛场应选择优质苜蓿，以减少苜蓿使用量，同时也要提高我国苜蓿生产品质，从选种、种植密度、灌溉、施肥、微生物接种、刈割和杂草管理等方面对标先进国家；二是在营养均衡条件下，可选择菜粕，棉粕、燕麦草、黑麦草等替代苜蓿。另一方面，选育畜禽良种是提升我国畜牧业核心竞争力的有效手段，我国奶牛养殖历史短、数据积累少，在扩大 DHI 测定和后裔测定数据规模、拓展选育性状表型数据采集等方面比较欠缺，优秀种源对外依存度高。因此，需要全面落实新一轮全国畜禽遗传改良计划核心任务，扎实做好奶牛品种登记和生产性能测定等基础工作，改进种牛遗传评估方法，提高奶牛整体生产性能。

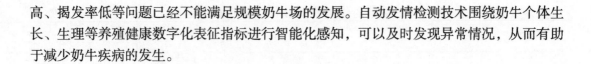

[1] 李萌 . 基于比较优势理论的中国奶牛养殖产业布局研究 [D]. 哈尔滨：东北农业大学，2019.

[2] 陈秀凤，李胜利，曹志军 . 美国牧场牛奶生产规模效益研究 [J]. 中国畜牧杂志，2017，53（9）：139-144.

[3] 杨军香，焦洪超，孙明发，等 . 我国奶牛养殖设施设备利用现状调查与分析 [J]. 中国畜牧杂志，2021，57（11）：260-264.

[4] 高产奶牛品种及其选择 [J]. 现代农业，2004（3）：8.

[5] 刘武军，张玉欣，许斌 . 美国瑞士褐牛系谱解读初探 [J]. 新疆农业科学，2003（S1）：46-47.

[6] 李建斌，侯明海，仲跻峰 . DHI 测定在牛群管理中的应用——以高峰奶、持续力和脂蛋白比指标为例 [J]. 中国畜牧杂志，2016，52（24）：39-43，49.

[7] 杨金勇，章晓炜，王海燕，等 . 开展奶牛生产性能测定的重要意义及存在问题与建议 [J]. 浙江畜牧兽医，2010，35（3）：23-24.

[8] 王海洋，郭梦玲，梁艳，等 . 荷斯坦牛不同泌乳阶段累计产奶量和 305d 产奶量的相关性分析 [J]. 家畜生态学报，2022，43（3）：13-19.

[9] 卜建华，李艳艳 . 一奶牛场淘汰情况的调查与分析 [J]. 中国畜禽业，2014，10（10）：57-58.

[10] 黄雷，王丽丽，李彦猛，等 . 不同卧床垫料对奶牛趴卧行为的影响 [J]. 畜牧与兽医，2016，48（1）：67-70.

[11] 邹季福，毛家真，高慧，等 . 木屑垫料和牛粪垫料对奶牛泌乳性能及健康的影响 [J]. 中国畜牧

杂志，2022，58（1）：252-256.

［12］杨丽萍，魏炳成，胡立国．环境因素对奶牛产奶量及牛奶品质的影响［J］．中国牛业科学，2017，43（5）：62-64.

［13］席中晶．牛奶产量和质量的影响因素及解决办法［J］．现代畜牧科技，2016（11）：21.

［14］樊斌，李萌，肖迪．自然资源禀赋对奶牛养殖业发展的影响研究［J］．中国畜牧杂志，2017，53（8）：131-135.

［15］常玲玲，杨章平，陈仁金，等．南方集约化饲养条件下荷斯坦奶牛乳脂率和乳蛋白率变化规律的初步研究［J］．中国畜牧杂志，2010，46（1）：43-47.

［16］赵连生，王加启，郑楠，等．牛奶质量安全主要风险因子分析 Ⅶ．体细胞数和菌落总数［J］．中国畜牧兽医，2012，39（7）：1-5.

我国奶牛养殖从业人员现状调研报告

"人才强国战略"是 2003 年党和国家开始提出的一项重要决策。人才作为第一资源在我国各个行业的重要地位日益得到凸显，在奶牛养殖业亦是如此。奶牛养殖业中的人才是指具有智力劳动和体力劳动的人们的总和，包括体质、智力、知识、技能，并能够完成领导分配的工作，对行业和企业发展做出贡献的人。奶牛养殖业涉及营养、繁殖、育种、健康、管理等各种专业，是一个严重依赖人才和技术的行业。场长的管理水平以及各工种的专业技术水平对奶牛产奶量和乳品质的高低起到了决定性的作用，也影响着奶牛养殖业的长期发展，因此各岗位人员均需要有较高的专业素质，以推动行业和企业的发展。为了解奶牛场的人员现状、用人情况，进一步做好奶牛养殖业人才的储备工作，2022 年《中国乳业》编辑部对 23 个省（区、市）320 家规模化奶牛场的主要人员情况（场长、兽医师、配种员、信息员、营养师、挤奶员、饲养员、粪污处理员、行政后勤人员）进行了人员数量、日均饲养奶牛头数、女性占比、年龄、学历、平均工资、离职率的客观情况调研，并对奶牛场人员重要性和招聘难度进行主观评估，现对调研数据进行整理，将主要数据和结论呈现如下，以飨读者。

1 奶牛场人员总体情况

奶牛场总人数与奶牛场的养殖规模有一定的相关性。存栏在 3000 头以下的奶牛场，两者呈正相关，即奶牛养殖量越多，奶牛场所需要的人员越多。但当奶牛场存栏大于 3000 头时，随着养殖规模的变大，人员的增加并不明显，呈现稳定甚至递减的趋势。其可能原因是，随着奶牛场规模的变大，奶牛场自动化设备设施的应用也更加深入和广泛，即智能化的增加使得奶牛场人均饲养奶牛头数开始增加。此次调研中，人均饲养奶牛头数在 21 ～ 40 头的奶牛场占比最高，为 55.72%，41 ～ 50 头和 51 ～ 90 头的次之，分别为 23.66% 和 12.98%，而 3000 头以上奶牛存栏的奶牛场人均饲养奶牛头数平均值为 46 头。

奶牛场总人数与奶牛单产水平无显著的相关性。不管奶牛场人员总数和人均饲养奶牛头数多少，86.8% 的奶牛场奶牛单产超过 2021 年全国规模化奶牛场奶牛的平均单产水平（8.7 吨）。75.3% 的奶牛场奶牛单产超过 2022 年全国规模化奶牛场奶牛的平均单产水平（9.2 吨）。

2 分工种情况

奶牛场的主要工种包括场长、兽医师、配种员、信息员、营养师、挤奶员、饲养员和粪污处理员、行政后勤人员，不同工种人员的主要职责和具体情况见表1、图1。

表 1 调研奶牛场各工种的基本情况

项目	人均饲养奶牛头数（头/人）	女性比例（%）	年龄（%）				学历（%）			平均工资（元/月）				
			20～29岁	30～49岁	50～59岁	>60岁	大专及以下	本科	硕士及以上	全国	东北	华北	南方	西北
场长	—	8.50	3.13	62.18	30.63	4.06	68.36	23.58	8.06	12378.24	10268.75	10449.2	10454.6	12597.12
兽医师	600	8.13	40.57	47.36	11.89	0.18	91.51	8.39	0.10	7646.21	7792.54	8450.39	6990.9	6994.46
配种员	775	2.20	46.35	41.59	11.39	0.67	92.41	7.45	0.14	8392.22	8692.84	8783.88	7522.27	7895.25
信息员	1439	68.62	45.58	51.79	2.63	0	78.62	20.75	0.63	4454.03	3510.35	4186.07	5213.29	4498.51
营养师	2357	15.31	43.51	43.51	11.45	1.53	56.05	30.57	13.38	8286.76	8258.33	8864.86	8202.50	7571.50
挤奶员	162	60.51	10.64	68.33	20.00	1.03	99.33	0.64	0.03	4245.51	4325.71	4181.29	4227.25	4282.64
饲养员	257	17.67	8.11	54.89	33.76	3.24	99.24	0.71	0.05	4307.62	4377.74	4384.06	4237.64	4355.75
粪污处理员	816	5.20	4.79	48.99	42.91	3.31	99.35	0.65	0	4279.07	4282.05	4385.55	3960.95	4348.96
行政后勤	597	48.32	19.53	50.68	26.96	2.83	83.96	15.36	0.68	4488.87	4256.98	4227.59	4827.6	4618.67

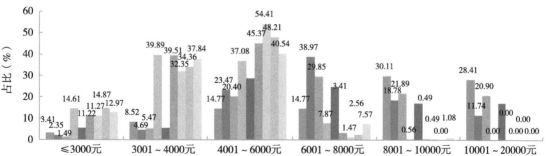

图 1 调研奶牛场员工的工资分布

2.1 场长

场长是奶牛场的主心骨，主要作用体现在4个方面：一是负责场内各部门的监督、检查、协调、纠偏工作；二是负责全场的技术管理工作（包括制定全场的各项技术指标，制定技术规范，实施技术监控、开展岗位培训，引进先进技术，做好全场疫病防控等）；三是生产计划管理（包括牛群合理结构及全年周转计划、饲料计划、繁殖计划、产奶计划、劳力计划、成本核算等）；四是狠抓奶牛场的配种和疾病防治工作，主要是乳房炎、肢蹄病和子宫炎。如果奶牛场属于国有企业的下属分场，场长还要负责上传下达等沟通、汇报工作。

2.1.1 数量与性别

场长均为专职人员，多数奶牛场只设置1名正场长，存栏规模在1000头以上的奶牛场通常会设置1～2名副场长，分工负责外联、技术、财务等工作。在调研的奶牛场中，8.5%的奶牛场由女性担任场长或副场长。担任场长的人中，以一直从事奶牛养殖行业的人为主；也有部分人是从其他畜种或奶业相关领域转行而从事奶牛养殖行业的，如乳制品加工企业、肉牛养殖行业、养猪业、种植业等；还有小部分是跨领域从事奶牛养殖行业的，如房地产、餐饮业、采矿业、教育业、制造业（酿酒、印刷）等。

2.1.2 从业时间和年龄

我国奶牛养殖业的场长大部分从基层干起。成长为1名规模奶牛场场长需要平均从业年限在14.32年[1]。本次调研的场长，从业年限（即牛龄）以11～20年的占比最高，为49.20%；从业年限1～10年、21～30年、大于30年的占比分别为35.50%、10.60%和4.70%，其中最长的奶牛养殖从业年龄为46年。同时，场长的年龄主要集中在40～59岁年龄组，占比为60.32%，也有部分60岁以上的场长，占比4.06%，其中最高年龄70岁。此次调研也发现，开始有很多学历比较高的年轻人或者家庭奶牛场的继承人，由于专业知识扎实，实践经验来自祖父辈传承，比较丰富，在从业年限不是很长、年纪很轻的情况下担任了场长，其中最小的为24岁。

2.1.3 学历

场长中大专及以上学历的人占多数，为64.77%，其中本科学历为23.58%，硕士学历为7.76%，还有0.30%的奶牛场任用了博士学历的人为场长（图2），可见随着奶牛场现代化、规模化、智能化水平的提高，场长的高学历化也将逐渐成为必然趋势，而随着各个行业对高素质、高水平人才的重视，也有越来越多的高学历人才看到了牧业未来发展的广阔前景，愿意投身奶牛场一线工作。

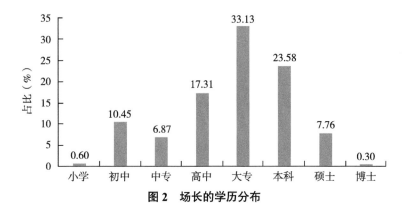

图 2 场长的学历分布

2.1.4 工资

场长作为一场之长，是奶牛场的领导者，其工资水平居于高位。调研奶牛场 2022 年场长的平均工资是 12378.24 元 / 月，其中 5001 ～ 10000 元 / 月的占比最高，为 45.22%；10001 ～ 15000 元 / 月占比次之，为 22.61%；5000 元 / 月以下的低工资和 15001 元 / 月以上的高工资占比较低，分别为 13.58% 和 18.59%。高工资中有 21.62% 的场长超过 30001元 / 月。通过区域工资分析发现，西北地区的场长平均工资最高，为 12597.12 元 / 月，超过平均值，而东北地区、华北地区和南方地区的平均工资均在 10000 元 / 月左右，低于平均值。

2.2 兽医师

兽医师的岗位职责主要包括 3 个方面：一是负责拟定牛群保健措施，贯彻"预防为主"方针，经场长批准执行，并经常检查、督促；二是每年对全场牛群进行 2 次以上的全面健康检查，并根据当地实际需要和防疫条例做好各种疫苗注射和驱虫，以及制定疫病突发时的处理预案；三是巡视牛舍，观察牛只，发现病牛及时诊治并做好记录；四是配合饲养人员，做好饲养管理工作，预防疾病，并制定淘汰牛计划。

2.2.1 数量与性别

奶牛场兽医师的数量和奶牛存栏规模、奶牛场智能化程度（如是否有分群门、是否佩戴计步器或项圈等）等有关。此次调研显示，兽医平均处理的奶牛头数是 600 头 / 人，其中最多可以达到 1864 头 / 人，最少的只有 65 头 / 人。因奶牛属于大型动物，在疾病治疗过程中，需要一定的体力，因此，雇用女性兽医师的奶牛场相对较少，仅为 8.13%。84.72% 的奶牛场兽医师是专职的，个别奶牛场存在兽医师兼职配种员的情况；个别奶牛场的场长也会兼职部分兽医师工作。

2.2.2 年龄和学历

兽医师中年龄在 30 ～ 49 岁的人占比最多，为 47.36%；20 ～ 29 岁的人次之，为

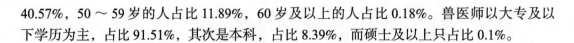

40.57%，50～59岁的人占比11.89%，60岁及以上的人占比0.18%。兽医师以大专及以下学历为主，占比91.51%，其次是本科，占比8.39%，而硕士及以上只占比0.1%。

2.2.3 工资

调研奶牛场兽医师的平均工资是7646.21元/月，其中6001～8000元/月的占比最高，为38.97%；4001～6000元/月的次之，为23.47%；8001～10000元/月的第三，为18.78%；10000元/月以上的高工资和2000～4000元/月的低工资占比少，分别为11.74%和7.04%。最高的兽医师工资是20000元/月，为宁夏的一家奶牛场，该场有3名分管场长，其中1名兼职兽医师工作。按地区来看，华北地区平均工资最高，为8450.39元/月，南方地区最低，为6990.90元/月。

2.3 配种员

配种员的工作职责主要包括：一是拟定牛群繁殖配种计划和措施，并制定选配计划，经场长批准贯彻执行；二是负责发情鉴定、人工授精、妊娠诊断，提高受胎率和繁殖率；三是做好配种繁殖记录，包括发情、配种、流产、产犊、治疗等；四是填写奶牛谱系表，定期测量体尺、体重、月泌乳量等。

2.3.1 数量与性别

配种员和兽医师一样，均是奶牛场比较核心的技术工种，数量也和奶牛存栏规模、奶牛场智能化程度（如是否有分群门、是否佩戴计步器或项圈等）等有关。根据调研，奶牛场中配种员和兽医师人员的配置相当，平均处理的奶牛头数是775头/人，其中最多可以达到2436头/人，最少的只有130头/人。和兽医师一样，女性配种员在奶牛场的数量也相对较少，有女性配种员的奶牛场占比仅为2.20%，调研中没有奶牛场只雇佣女性配种员。50.19%的奶牛场配种员是专职的，46.30%的奶牛场配种员均兼职，其余少数奶牛场有部分兼职。

2.3.2 年龄和学历

配种员中年龄在20～29岁的人占比最多，为46.35%；30～49岁的人次之，为41.59%，50～59岁的人占比为11.39%，60岁及以上的人占比为0.67%。配种员中大专及以下学历最多，占比92.41%，本科、硕士及以上学历分别占比7.45%和0.14%。

2.3.3 工资

调研奶牛场配种员的平均工资是8392.22元/月，其中6001～8000元/月的占比最高，为29.85%；8001～10000元/月的次之，为21.89%；4001～6000元/月与10001～18000元/月占比接近，分别为20.40%和20.89%；4000元/月及以内的占比最小，为6.97%。39.29%奶牛场中兽医师和配种员工资相同，很多奶牛场场长也兼职配种员，工资稍高。就地区来看，华北地区配种员最高为8783.88元/月；南方地区最低，为

7522.2 元 / 月。

2.4 信息员

奶牛场信息员负责的工作一般包括 3 个方面：一是奶牛各项育种指标分析、日粮营养分析和泌乳月分析；二是参加 DHI 报告牛只的采样工作，及时把数据输入电脑并做数据分析；三是整理牛群异动、产奶及销售、人员任用等数据；四是妥善保留各种原始资料。

2.4.1 数量与性别

信息员平均处理的奶牛头数是 1439 头 / 人，根据奶牛场存栏数量和信息化程度高低等，为 290 ～ 7541 头 / 人。信息员主要工作地点在办公室、电脑前，不受长期高体力的要求，因此，女性员工比例在所有工种中最多，占比 68.62%，57.02% 的奶牛场信息员均是女性。32.08% 的奶牛场信息员是专职人员。

2.4.2 年龄和学历

信息员多用电脑、平板、智能手机等设备以及各种电脑软件，年龄大的人对该工作适应性不强，占比相对较少，50 ～ 59 岁的人占比 2.63%，无 60 岁及以上的人，而年龄在 30 ～ 49 岁的人占比最多，为 51.79%；20 ～ 29 岁的人次之，为 45.58%。信息员中大专及以下学历占比最多，占比 78.62%，本科学历占比 20.75%，硕士及以上学历占比 0.63%。

2.4.3 工资

调研奶牛场信息员的平均工资是 4454.03 元 / 月，其中 3001 ～ 4000 元 / 月的占比最高，为 39.89%；4001 ～ 5000 元 / 月的次之，为 25.28%；2001 ～ 3000 元 / 月、5001 ～ 6000 元 / 月、6001 ～ 9000 元 / 月占比分别为 14.61%、11.80% 和 8.42%，最高为 8331.57 元 / 月。南方地区信息员的平均工资最高，为 5213.29 元 / 月，东北地区最低，为 3510.35 元 / 月。

2.5 营养师

营养师的主要职责主要包括 4 个方面：一是配方制作和优化，根据牛群结构、奶牛各阶段的营养需要制定科学有效的饲养配方，同时要结合各种原辅料特点及性价比来优化配方；二是负责分析诊断奶牛场饲养部门存在的问题，并结合实际情况给出具体的解决方案和整改排期；三是定期巡视奶牛场，监督奶牛场饲养工作，降低饲养成本；四是对奶牛场饲养工作落实结果进行跟踪汇总并出具考评结果。

2.5.1 数量与性别

营养师平均处理的奶牛头数是 2357 头 / 人，调研奶牛场中每位营养师处理的奶牛头数从 338 ～ 20773 头 / 人不等，其中超过 10000 头 / 人的奶牛场占比 2.19%，为集团化奶牛场，奶牛饲养模式和营养配方调整基本一致。营养师的工作主要在实验室，而非奶牛场一线，女性员工比例也相对多一些，占比 15.31%。51.67% 营养师是专职人员。

2.5.2　年龄和学历

营养师以 20 ～ 29 岁、30 ～ 49 岁的人为主，占比相同，均为 43.51%，年龄在 50 ～ 59 岁的人和 60 岁及以上的人占比分别为 11.45%、1.53%。营养师中大专及以下学历占比最多，占比 56.05%，本科学历占比 30.57%，硕士及以上学历占比 13.38%。

2.5.3　工资

调研奶牛场营养师工资在 2000 ～ 20000 元不等，平均工资是 8286.76 元 / 月。其中 4001 ～ 6000 元 / 月的占比最高，为 28.57%；6001 ～ 8000 元 / 月次之，为 24.76%；2000 ～ 4000 元 / 月、8001 ～ 10000 元 / 月、10001 ～ 20000 元 / 月分别为 11.43%、17.14% 和 18.10%，其中 7.62% 奶牛场营养师的工资为 20000 元 / 月。华北地区营养师的平均工资最高，为 8864.86 元 / 月；西北地区最低，为 7571.50 元 / 月。更有奶牛场按次收费，一次 3000 元。

2.6　挤奶员

挤奶员的工作职责主要包括 3 个方面：一是检查挤奶设备是否完好，工具、试剂等是否齐全等；二是严格按照挤奶操作程序进行挤奶；三是检查运奶车是否干净，奶温是否恰当，每天记录收奶量和时间等，并建立奶牛投产档案等。

2.6.1　数量与性别

调研奶牛场挤奶员处理奶牛头数从 50 ～ 676 头 / 人不等，平均处理的奶牛头数是 162 头 / 人。挤奶员处理奶牛头数多少和所用的挤奶机类型有一定相关性，其中处理奶牛头数为 200 ～ 676 头 / 人的奶牛场所用的挤奶机以并列式为最多，占比 38.89%；转盘式挤奶机稍微次之，占比 37.04%；鱼骨式和中置式则分别为 22.22% 和 1.85%。

挤奶员是奶牛场中女性员工比例第二多的工种，占比 60.51%。女性人数在 50% 及以上的奶牛场，占比 88.10%；全是女性的奶牛场占比 20.48%。挤奶员工作较辛苦，98% 以上都是专职。

2.6.2　年龄和学历

调研奶牛场挤奶员以 30 ～ 49 岁的人为主，占比为 68.33%，年龄在 50 ～ 59 岁、20 ～ 29 岁及 60 岁以上的人分别为 20.00%、10.64%、1.03%。大专及以下学历基本占据了挤奶员的主要学历，占比 99.33%。

2.6.3　工资

调研奶牛场挤奶员工资在 1800 ～ 9000 元 / 月，平均工资为 4245.51 元 / 月，其中 3001 ～ 5000 元 / 月的占比最高，为 76.10%；3000 元 / 月及以下次之，为 11.22%；5001 ～ 6000 元 / 月更少，为 8.78%，6001 ～ 9000 元 / 月则为 3.90%。东北地区挤奶员的平均工资最高，为 4325.71 元 / 月；华北地区最低，为 4181.29 元 / 月。

2.7 饲养员

饲养员的工作职责主要包括：一是分群管理、按照饲养管理规范饲养；二是做好冬季防寒、夏季防暑等工作，以及牛舍、运动场等的清洁工作；三是负责刷拭牛体等卫生工作；四是要熟悉牛只基本情况，注意牛只异常变化，配合其他工种工作。

2.7.1 数量与性别

调研奶牛场饲养员饲养奶牛头数为 15 ～ 1616 头 / 人，平均饲养的奶牛头数是 257 头 / 人，主要集中在 101 ～ 400 头 / 人，占比 75.48%，人均饲养奶牛头数越多的奶牛场占比越少，1000 ～ 1616 头 / 人只占比 0.77%。饲养员中的女性人数占比 17.67%，女性比例占比 50% 及以上的奶牛场为 14.04%。94.02% 的奶牛场饲养员为专职。

2.7.2 年龄和学历

调研奶牛场饲养员以 30 ～ 49 岁的人为主，占比为 54.89%，年龄在 50 ～ 59 岁、20 ～ 29 岁及 60 岁以上的人分别为 33.76%、8.11%、3.24%。大专及以下学历基本占据了饲养员的主要学历，占比 99.24%。

2.7.3 工资

调研奶牛场饲养员的工资集中在 2000 ～ 9000 元 / 月，平均工资是 4307.62 元 / 月，其中 3001 ～ 5000 元 / 月的占比最高，为 77.95%；2001 ～ 3000 元 / 月的次之，为 11.27%；5001 ～ 6000 元 / 月的更少，为 8.82%，6001 ～ 9000 元 / 月的则为 1.96%。华北地区饲养员的平均工资最高，为 4384.06 元 / 月；南方地区最低，为 4237.64 元 / 月。

2.8 粪污处理员

奶牛场粪污处理员的主要工作职责包括 3 个方面：一是清扫牛舍中的粪便；二是保证粪污收集设备（如刮粪板、水冲设备等）的正常运行；三是保证后续粪污处理设备（如干湿分离等）的正常运行。

2.8.1 数量与性别

调研奶牛场粪污处理员处理奶牛头数从 51 ～ 4555 头 / 人不等，平均处理的奶牛头数是 816 头 / 人，51 ～ 1000 头 / 人的奶牛场占比 73.62%，1001 ～ 2000 头 / 人、2001 ～ 3000 头 / 人、3001 ～ 4000 头 / 人、4001 ～ 4555 头 / 人的奶牛场分别占比 17.32%、5.51%、2.76%、0.79%。其中 51 ～ 1000 头 / 人的奶牛场本身存栏量少和员工有兼职的情况，清粪还暂时以人工为主。1001～4555头／人的奶牛场机械化程度较高，其中48.48%使用了刮板清粪方式；37.88%采用了铲车清粪，也有个别奶牛场使用刮板、铲车、吸粪车联合清粪。

粪污处理员中的女性人数占比5.20%，女性比例占比50%及以上的奶牛场为2.76%。41.34%的奶牛场粪污处理员为专职。

2.8.2　年龄和学历

粪污处理员以30～49岁的人为主，占比为48.99%，年龄在50～59岁的人次之，占比42.91%，20～29岁及60岁以上的人占比较少，分别为4.79%和3.31%。大专及以下学历基本占据了粪污处理员的主要学历，占比99.35%；没有硕士及以上学历的员工。

2.8.3　工资

调研奶牛场粪污处理员的平均工资是4279.07元／月，在1250～7000元／月，其中3001～5000元／月的占比最高，为73.34%；2001～3000元／月次之，为13.33%；5001～6000元／月、6001～7000元／月、1250～2000元／月分别为9.23%、2.56%、1.54%。华北地区饲养员的平均工资最高，为4385.55元／月；南方地区最低，为3960.95元／月。

2.9　行政后勤人员

奶牛场的行政后勤人员是奶牛场不可或缺的支撑力量，包括食堂厨师、办公室人员、库管人员、司机、门卫、水电工、机械设备维修工、锅炉工等。但根据奶牛场性质、规模的不同，不是所有岗位都设置，办公室人员和库管人员等岗位存在互相兼职的情况。

2.9.1　数量和性别

行政后勤人员在奶牛场总人数的占比不同。64.62%的奶牛场行政后勤人员占比小于10%，22.64%的奶牛场行政后勤人员占比为10%～20%，12.74%的奶牛场超过20%。此次调研显示，行政后勤人员与牛的比例为1∶597。

行政后勤人员中的女性员工数量占比较高。调研奶牛场中女性行政后勤员工占比平均为48.32%，其中69.11%的奶牛场行政后勤人员中有女性员工，27.06%的奶牛场行政后勤人员均为女性，45.88%的奶牛场行政人员女性超过半数。

行政后勤人员一般是奶牛场兼职最多的一个工种，但随着奶牛场规模的增长，专职趋势明显：48.57%的奶牛场有专职的行政后勤人员；83.19%的奶牛场行政后勤人员均为专职；10.08%的奶牛场行政后勤人员中专职人数超过50%。

2.9.2　年龄和学历

行政后勤人员中30～49岁的人员占比最高，为50.68%，20～29岁、50～59岁、60岁以上的人员分别为19.53%、26.96%和2.83%。学历在大专及以下的人员数偏多，为83.96%；本科为15.36%，硕士及以上学历的人员只有0.68%。

2.9.3　工资

调研奶牛场2022年行政后勤人员的平均工资为4488.87元/月，以3001～4000元/月为最多，为37.63%，4001～5000元/月次之，为27.96%，3000元/月以下、5001～6000元/月和6001元/月以上顺次减少，分别为12.90%、12.37%和9.14%。最高可达9000多元/月，为河北省存栏6000头的私营奶牛场。就地区来看，华北地区的平均工资最低，为4227.59元/月，东北地区平均工资最高，为4256.98元/月。

3　各工种重要性分析

各工种重要性和招聘难度的主观评分见表2。其中主观评分分为1～5个等级，关于重要性：1分表示很不重要，2分表示不重要，3分表示一般，4分表示重要，5分表示非常重要；对于招聘难度：1分表示非常容易，2分表示容易，3分表示一般，4分表示难，5分表示非常难。

表2　调研奶牛场各工种的重要性、招聘难度评分　　　　　单位：分

项目	场长	兽医师	配种员	信息员	营养师	挤奶员	饲养员	粪污处理员	行政后勤
重要性（1～5分）	4.40	4.09	4.21	3.64	3.93	3.73	3.59	3.40	3.20
5分占比（%）	69.20	41.06	50.96	26.06	48.46	29.13	24.88	18.91	16.34
招聘难度（1～5分）	2.27	2.38	2.4	2.7	2.37	2.7	2.76	2.83	2.73

通过表2可以看出，场长、兽医师、配种员等职位在填写问卷的人员心中比较重要，分值均大于4分，其中分别有69.20%、41.06%、50.96%的人员认为他们非常重要（5分）。他们表示，场长是奶牛场的总指挥，负责一切事务的统筹协调，是奶牛场员工的带头人，奶牛场的效益、员工的待遇均决定在场长的手里。而疾病和繁育是奶牛除了饲料成本以外的大投入板块，如果兽医师能够治未病，配种员能够提高奶牛的受胎率，将有利于实现奶牛场的降本增效。而对于其他工种（信息员、营养师、挤奶员、饲养员、粪污处理员、行政后勤），重要性均介于一般和重要之间（3～4分），但也分别有26.06%、48.46%、29.13%、24.88%、18.91%、16.34%认为他们非常重要（5分）。这些填写非常重要的人认为：每个岗位都有每个岗位的价值体现，均不可或缺。而还有极个别人认为所有工种都不怎么重要，因为随着智能化的发展，所有工种都可能被取代，未来的智慧奶牛场将是无人操作的。

而对于招聘难度的评分，各工种均为2～3分。且在此次调研中也发现了一个非常有趣的现象，即招聘难度和重要性呈现出了"镜像对称"的现象（图3），即越重要的工作，招聘难度越低，分析原因可能和越重要的工作，薪资待遇越好，从业人员越多有关。

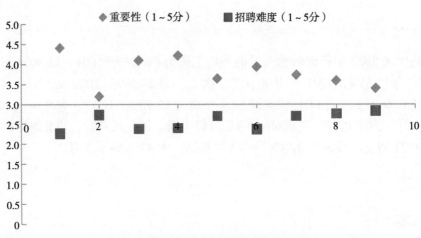

图 3   重要性和招聘难度的"镜像对称"

稳定的人才队伍是奶牛场实现可持续发展的重要条件。离职率是衡量人员稳定的主要指标，即在一定时期内，员工离职的数量占"员工数量"的比率。为此，本次调研也对调研前 12 月的各工种离职人数占比和出现离职的奶牛场占比进行了统计，通过计算得到表 3，营养师是离职人数最多的工种（16.75%），饲养员则是牧场最普遍存在离职的工种，可能和工作单调、待遇相对较低等原因有关。

表 3   调研奶牛场各工种的离职情况

调研前 12 个月离职情况	场长	兽医师	配种员	信息员	营养师	挤奶员	饲养员	粪污处理员	行政后勤
出现离职的人数占比（%）	6.37	11.61	12.17	9.93	16.75	16.28	12.22	14.11	7.94
出现离职的奶牛场占比（%）	7.81	14.38	13.43	9.38	5.00	20.31	40.31	11.88	38.33

4   结论

根据上文的数据统计，可以直观得出以下主要结论。

（1）技术人员配备可能存在不足。根据奶牛场各工种的人均饲养奶牛头数，可以换算出每 1000 头奶牛所占有的技术人员数量，通过此指标可以看出奶牛养殖的技术效率[2]。而本次调研的兽医师、配种员等技术工种每 1000 头牛配备不到 1.5 个人，而营养师和信息员等工种更是奶牛场当前的稀缺工种，每 1000 头牛配备不足 1 个人，因此，可能存在调研奶牛场技术人员投入不足或人员结构不合理的情况。

（2）性别比例不平衡的现象可能将长期存在。男女比例较均衡的岗位为行政后勤人员，接近 1∶1，其他岗位均出现男女比例失衡的情况，其中信息员、挤奶员男女比例接近

4∶6和3∶7，女性比例偏高，场长、兽医师、配种员、营养师、饲养员、粪污处理员则相反，基本上为"男性的天下"，女性比例不超过20%。分析原因，可能由于奶牛属于大动物，从事奶牛养殖业的人员需要具有一定的体力和力量，因此一直是存在性别隔离，即以性别为划分依据，男女比例严重不均衡的情况。

（3）老龄化情况普遍存在，技术工种过于年轻化。此次调研奶牛场中各工种均有超过60岁以上员工，场长、行政后勤人员、饲养员和粪污处理人员50～59岁的人员比例均超过25%，存在后备力量不足，老龄化情况；而兽医师、配种员、信息员、营养师20～29岁人员占比均超过40%，技术工种对专业素养要求极高，年轻人比例过高，可能存在临床实践经验不足的情况。

（4）奶牛场人力资源成本可能偏高。调研奶牛场存栏从几百头到几万头不等，平均存栏为2394头，以此规模的奶牛场为例，至少需要1名场长，4名行政后勤人员，4名兽医师，3名配种员，2名信息员，1名营养师，15名挤奶员，9名饲养员，3名粪污处理员，相当于至少需要42名主要员工，总工资1年至少为210291.72×12=252.35万元，即2022年平均每人60083.35元，高于私营单位中农、林、牧、渔业的平均水平。

（5）奶牛场人员流动比较大。据统计，如果一个单位的员工离职率为10%，则有30%的员工正在另寻工作；如员工离职率为20%，则有60%的员工正在另寻工作[3]，因此，一般情况下，企业的离职率应控制在3%～10%。此次调研显示，兽医师、配种员、营养师、挤奶员、饲养员和粪污处理员的离职率均大于10%，高于一般水平。

5　建议

对于调研奶牛场的以上主要现状，提出以下建议：

（1）进一步加强员工的技能培训，提高奶牛场的信息化和智能化程度，或与奶牛养殖社会化服务组织开展合作，增加奶牛养殖技术力量的外部供给，在控制人力资源成本的同时，有效提高奶牛养殖的技术效率。

（2）在员工年龄结构方面进一步优化，一方面要积极培养场长等重要技术人员的后备人选，避免出现"青黄不接"的情况；另一方面也要积极面对老龄化，鼓励、引导老龄员工，或返聘退休员工为奶牛场积极做贡献，同时全面树立年龄管理理念，建立灵活的工作时间制度等，提升老龄员工再工作的意愿。

（3）培养复合型牛场人才。一是未来，随着信息技术、智能化技术在奶牛养殖业上的广泛应用，懂得如何使用智能化设备和奶牛养殖的复合型人才将是奶牛场的需求重点。因此，应面向涉农院校、农业职业技术学校，设置畜牧业机械化、智能化专业和课程，培养跨学科复合型人才；二是培育农业产业化人才，适应智慧农场、养殖场规模化、设施化生产的需求。

（4）创新工作方式，如招聘夫妻双职工等，一方面可以优化奶牛场性别比例，一方面可以减少员工离职的发生。此外，也应做好员工离职后的应急预案。员工离职原因是多方面的、不可能完全避免的，应以企业整体绩效增长为前提，不用为了留住员工而降低绩效考核标准。

参考文献

［1］陈慧萍. 2011年规模奶牛场从业人员状况调查报告［J］. 中国乳业，2012（8）：2-5.

［2］刘浩，彭华，王川，等.我国不同奶业产区奶牛养殖效率的比较分析——基于266个养殖场的调研数据［J］.中国农业资源与区划，2020，41（12）：110-119.

［3］谢昕.合理控制员工离职率的对策分析［J］.中国管理信息化，2013，16（15）：84-85.

我国奶牛场管理系统及相关自动化设备的应用现状调研报告

从全球范围来看，奶牛智能化养殖技术在 20 世纪 80 年代开始出现，几乎与信息技术发展同步，但真正发展起始于 2003 年科技部"863"计划中的数字畜牧业项目，其中包含了奶牛的自动化养殖技术研发。我国在开发具有自主知识产权的奶牛场管理系统的同时，也大量引进国外先进技术。自动化设备应用能显著促进奶牛生产性能和奶牛场管理水平[1]。对比奶业发达国家，我国奶牛单产水平还较低[3]，而提高单产的根本措施是育种和科学饲养。使用奶牛场管理系统记录数据可以大大提高育种效率。同时，我国奶牛 75% 的年度繁殖率也较低，低于平均标准 85% 以上[4]，原因之一是发情诊断的漏诊率比较高，奶牛场管理系统能有效减少这一情况的发生。另外，奶牛场管理系统可以对奶牛场每头牛的产奶量进行实时记录，这些数据的汇总可以实现对奶牛养殖的可追溯管理[5]，达到精准养殖，提高养殖效率。目前为止，世界上研究开发奶牛场管理系统的企业主要有：瑞典的利拉伐，以色列的阿菲金（Afimilk）、SCR 等，其中，利拉伐、阿菲金开发的奶牛场管理系统在全球应用较为广泛。近年来，奶厅管理系统、发情管理系统、精准饲喂系统、牛群管理系统等自动化设备的应用大大提高了奶牛养殖效率，促进了奶牛养殖现代化水平的提高。

深入了解我国不同规模、不同地区、不同类型奶牛场管理系统及自动化设备的应用情况，对于管理系统和自动化设备的推广、应用，促进奶业和畜牧业发展，以及奶业在农业现代化建设中的示范带动具有重要意义。本文利用全国 23 个省份 320 个奶牛场的调研数据，分析了不同地区、不同规模奶牛场管理系统（奶厅管理系统、发情管理系统、精准饲喂系统、牛群管理系统）和自动化设备（自动发情监测设备、TMR 搅拌机、自动挤奶设备、自动喷淋设备、自动脱杯设备、自动分群门、产奶量自动记录器、自动身份识别设备）的应用现状和应用意愿，探讨不同类型奶牛场管理系统和自动化设备对生鲜乳产量和质量的影响程度，从而更加深入了解奶业转型时期奶业现代化发展水平，为相关政策制定提供依据。

1 奶牛场管理系统与自动化设备说明

1.1 奶牛场管理系统

奶厅管理系统： 可以对每头奶牛每天的产奶量自动计量和读取，实现奶源可追溯，可以预警奶牛健康（如乳房炎等问题）及营养问题，并方便奶牛场对成母牛的淘汰做出决策[6]。主要通过计步器、项圈、电子耳标、牛奶电导率监测设备、血乳监测设备等识别器进行信息收集。

发情管理系统： 通过获取奶牛的躺卧、反刍等活动信息，及时准确地反馈奶牛发情和预测排卵时间，指导奶牛场精准确定配种时期，及时配种，可实现奶牛发情监测的自动化管理，提高奶牛受胎率，同时，还能有效地进行疫病监控和预防[7]。主要工具有计步器、加速度感应器、体温变化感应器等，近些年，随着科技的发展，有的奶牛场也开始采用动态监测牛奶中孕酮水平的方式来揭发奶牛是否发情以及奶牛繁殖系统状态，此种方法能让奶牛场更高效、精准地进行繁殖管理，利拉伐的 RePro™ 精准繁殖监测系统即采用的此种方法。

精准饲喂系统： 通过软件控制无线通信系统，实时掌控每种配料的添加重量、TMR搅拌车的位置以及每个牛舍 TMR 的投放数量等信息，指导和监控 TMR 的配制和 TMR 日粮的精准投喂[7]，最大限度地保证各种饲料成分配比的精确性和投喂的合理性，提高养殖效率。

牛群管理系统： 牛只的信息管理系统，可以实现每头牛从出生开始，繁殖、疾病、产奶记录、干物质采食、淘汰等全部信息的查询和追溯。

1.2 自动化设备

挤奶设备： 当前挤奶设备主要有传统挤奶设备（转盘式、并列式、鱼骨式挤奶机等）和自动挤奶设备即挤奶机器人两大分类。自动挤奶设备[1]的推广大大提高了养殖效率，有利于养殖规模的扩大，同时由于挤奶科学，有利于提升奶牛的生产性能[8]。

自动发情监测设备： 通过特定传感装置，能够实时在线监测、记录和上传奶牛的活动量、反刍时间、躺卧时间等生理体征，对奶牛发情状态、配种时间和疾病发生等进行预测，可有效提高奶牛发情监测的准确性，降低人工成本投入，提高奶牛场经济效益[9]。目前主要技术应用有计步器、项圈、外挂式电子耳标、内嵌式电子耳标四类。

TMR 搅拌机： 带有高精度的电子称重系统，可以准确地计算饲料，并有效地管理饲

---

[1] 自动挤奶设备实际上是一个挤奶机器人。该设备能自动探测乳房和乳头位置，对乳房乳头进行自动清洗、消毒、擦净、取样，自动套乳杯，自动挤奶。同时，通过耳标，自动识别奶牛编号，记录奶牛的每次挤奶量，传入电脑储存[2]。

料库。TMR 在工作运行时，不仅要显示饲料的总重量，还要计量每头奶牛的采食量，尤其可对一些微量饲料成分进行准确称量（如氮元素添加剂、人造添加剂和糖浆等），从而生产出高品质饲料，保证奶牛的每一口都是精粗比例稳定、营养浓度一致的全价日粮[10]。

自动喷淋设备：动态检测牛舍内温湿度，精准定时启停，动态调整喷淋强度和周期，从而有效降低牛群体温，缓解奶牛热应激。

自动脱杯设备：每一套挤奶杯组上有一个流量监控器，当收集到的牛奶流量小于设定的最小流量时，杯组会自动脱杯。

产奶量自动记录器：通过信息化、智能化方式自动记录每次挤奶的产奶量和奶流量等信息，分析产奶量波动情况，及时给予干预。

自动分群门：一种安装在奶厅出口位置的智能化设备，在挤奶后的牛群经过时，它可识别出需要特殊处理的个体牛只，并通过活动门的动作，将这些牛只从挤奶牛大群中分离进入不同的通道或区域，达到牛群管理的目的，从而解决配种人员、兽医师找牛的工作，此模式完全替代了人工找牛，从而可以节省时间和人工，减少奶牛应激，提升奶牛场数据的信息化管理。

自动身份识别设备：一般通过在奶牛挤奶通道门两侧安装识别器，当奶牛经过通道门时，自动识读电子耳标或进行面部识别，获取牛出入信息、健康信息等。预防过量挤奶，识别优质高产奶牛，并提供合理营养供给等，目前自动身份识别设备主要有外挂式电子耳标、内嵌式电子耳标、计步器、项圈等。

2 智能化系统的应用现状

2.1 智能化系统应用及其效果分析

从应用比重来看（表1），**管理系统方面，**四类管理系统平均应用比例为 62.92%，处于较高水平。从不同智能化设备应用比例来看，发情管理系统使用比例最低，为 57.45%，可能原因是：①对于同样存在爬跨、活动量增加的假性发情牛和隐性发情牛来说效果不明显；②暂时不能完全代替人工观察法，监测结果仍需要结合直肠检测进行进一步验证；③目前国内较多的大型奶牛场都采用价格昂贵的进口监测系统，使用成本太高。奶厅管理系统的应用比例最高，平均占比达到 69.91%，且规模化奶牛场机械化挤奶设备应用比例达到 100%。**自动化设备方面，**其平均应用比例为 67.1%，其中自动分群门应用比重较低，平均为 31.7%，主要原因是自动分群门应用成本较高，对牛舍改造较大，目前使用自动分群门奶牛场建场年限都较短，平均为 5.2 年；自动脱杯和自动身份识别设备应用比重都处于较高水平，分别为 86.3% 和 85.7%。

比较智能化系统使用效果（表1），**管理系统方面，**使用智能化系统的奶牛场比未使用的奶牛场年单产高 885kg，公斤奶饲料成本低 0.11 元；使用奶厅管理系统的奶牛场比未使用奶牛场的乳房炎发病率平均降低 1.7 个百分点；使用发情管理系统的奶牛场比未使用奶牛场的成母牛平均胎次高 0.28 胎，大大改善了奶牛的生产性能，减少了空怀天数，其产奶量也高于未使用的奶牛场，年平均单产高 665kg。**自动化设备方面**，使用转盘式挤奶机的奶牛场奶牛单产高于并列式和鱼骨式，且公斤奶饲料成本和乳房炎比重也较低，由于转盘式挤奶机使用主要为大规模奶牛场，设备设施配置更加齐全，制度体系更为完善，管理水平更高，规模经济显著。机器人挤奶处于应用初期，使用比重较低，但其对养殖产出的促进作用凸显；使用自动发情监测设备奶牛场比未使用奶牛场的成母牛平均胎次高 0.78 胎；同时，使用自动喷淋和自动脱杯的奶牛场单产都高于未使用的奶牛场。自动分群门和自动身份识别器使用降低了个体牛只应激，提高了奶牛舒适度，避免了人为干预产生应激对奶牛健康和生产性能产生负面影响，减少了兽医、繁育人员等转牛舍、寻找待处理牛只的时间，降低了劳动强度，提高了生产效率。

表 1 不同管理系统及自动化设备应用比例及其效果情况

管理系统和自动化设备		使用情况	数量占比（%）	乳房炎（%）	成母牛平均胎次	单产（kg/年）	公斤奶饲料成本（元）
管理系统	奶厅管理系统	使用	69.9	2.54	—	10490	2.82
		未使用	30.1	4.24	—	9996	2.89
	发情管理系统	使用	57.5	—	2.77	10495	2.77
		未使用	42.6	—	2.49	10127	2.83
	精准饲喂系统	使用	60.2	—	—	10674	2.81
		未使用	39.8	—	—	9789	2.92
	牛群管理系统	使用	64.1	—	—	10425	2.83
		未使用	35.9	—	—	10174	2.87
自动化设备	自动挤奶设备	转盘式	26.9	1.63	—	11010	2.73
		并列式	48.5	2.23	—	10083	2.96
		鱼骨式	24.0	2.34	—	9558	2.84
		挤奶机器人	0.6	1.34		11234	2.70
	自动发情监测设备	使用	67.7	—	3.32	10650	2.76
		未使用	32.3	—	2.54	9985	2.87
	自动喷淋设备	使用	61.0			9872	2.91
		未使用	39.0			9598	2.95
	自动脱杯设备	使用	86.3	2.01		9989	2.91
		未使用	13.7	2.55		9619	3.03
	产奶量自动记录器	使用	70.1			9821	2.83
		未使用	29.9			9644	2.88
	自动分群门	使用	31.7	2.02	2.62	9998	2.82
		未使用	68.3	2.07	2.32	9720	2.89
	自动身份识别器	使用	85.7	2.37	2.50	9912	2.83
		未使用	24.3	3.45	2.50	8778	2.84

2.2　不同规模奶牛场智能化系统应用现状

整体来看（图1），除精准饲喂系统外，1000～3000头规模奶牛场智能化系统应用比较广，1000头以下规模奶牛场智能化系统应用比例较低。对于精准饲喂系统，奶牛场存栏越高，应用比例越大，可能原因是精准饲喂系统对成本降低和产奶量提升的影响比较直接，奶牛场规模越大，前期投入成本压力越小，应用积极性更高。

从不同智能化系统来看，对于奶厅管理系统，1000头以下奶牛场中未使用奶厅管理系统的比例最高，为45.4%，主要是因为奶厅管理系统投入成本较高，规模较小的奶牛场难以承担[11]；对于发情管理系统，3000头以上奶牛场应用比例最高，为81.5%；对于牛群管理系统，调研结果显示1000～3000头规模奶牛场应用比例最高，达到了85.8%，调研结果也表明该规模类型奶牛场牛群管理系统使用效果更好。

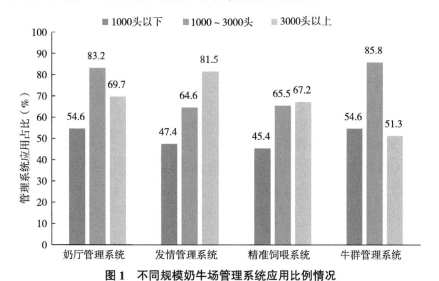

图1　不同规模奶牛场管理系统应用比例情况

2.3　不同地区奶牛场管理系统应用现状

整体来看（图2），东北地区、华北地区和西北地区应用管理系统的比例较高，主要原因是这些地区奶牛养殖资源禀赋条件优越，规模化程度高，产业发展较为成熟，现代化发展水平较高，因而对智能化、信息化技术认知和采纳意愿更高。而南方地区仍有部分管理系统的应用比例仍低于50%，主要原因是该地区规模水平较低，结合前文分析可知，1000头以下规模奶牛场应用管理系统的比例低于其他规模类型。

从不同管理系统来看，对于奶厅管理系统，东北地区奶牛场使用奶厅管理系统的比例最高，达到了81.54%；对于发情管理系统，东北地区、华北地区和西北地区使用发情管理系统的比例高于未使用，而南方地区发情管理系统的使用比例低于未使用；对于精准饲喂系统，南方地区精准饲喂系统的使用比例最低，仅有24.2%；对于牛群管理系统，西北地区奶牛场牛群管理系统的使用比例最高，达到了81.6%。

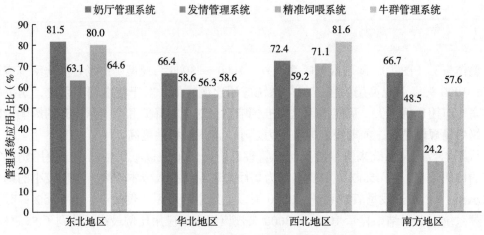

图 2 不同地区奶牛场管理系统应用比例情况

2.4 不同品牌管理系统应用现状

整体来看（图 3），进口的管理系统仍占据大部分市场，主要品牌有利拉伐、阿菲金、SCR、科湃腾等，其中奶厅管理系统和发情管理系统使用国外品牌的奶牛场占比超过 80%，但随着国内科技发展水平提高，国产管理系统应用比例也逐渐提高，尤其是精准饲喂系统和牛群管理系统，国产系统中的一牧云、新牛人和奶业之星等品牌的市场占比也处于较高水平，调研奶牛场中，使用国产设备进行精准饲喂的奶牛场占比超过 30%，使用国产设备进行牛群管理的奶牛场占比超过 50%。

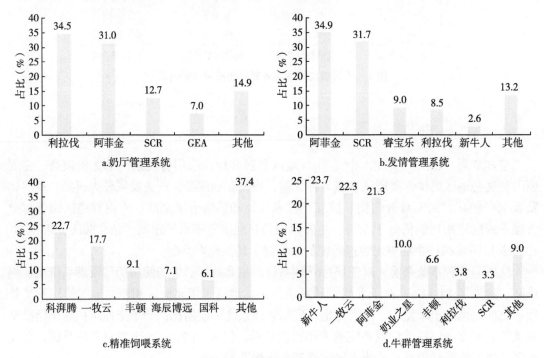

图 3 不同品牌管理系统应用比例情况

从不同品牌来看，奶牛场利拉伐和阿菲金的奶厅管理系统应用比例较高，分别达到了34.5%和31.0%；阿菲金和SCR品牌的发情管理系统应用比例较高，分别达到了34.9%和31.7%；科湃腾和一牧云品牌的精准饲喂系统应用比例较高，分别达到了22.7%和17.7%；新牛人、一牧云和阿菲金牛群管理系统应用比例较高，分别达到了23.7%、22.3%和21.3%。

2.5 管理系统使用意愿分析

对320家奶牛场关于奶牛养殖管理系统使用意愿情况进行了调研，结果显示（图4），对于奶厅管理系统，有9.3%的奶牛场不愿意使用，4.8%的奶牛场对于奶厅管理系统使用意愿尚不明确，86%奶牛场愿意使用；对于发情管理系统，有13.1%奶牛场不愿意使用，84.5%的奶牛场愿意使用；对于精准饲喂系统，调研奶牛场的83.3%愿意采纳该技术，表明规模化养殖精准饲喂技术应用需求更高；对于牛群管理系统，78.6%的奶牛场愿意使用。总的来看，当前奶牛场对于管理系统都有较强的使用意愿，超过70%的奶牛场愿意使用管理系统。且当前奶牛场对管理系统使用意愿都高于实际使用比重，表明管理系统发展具有较大提升空间。

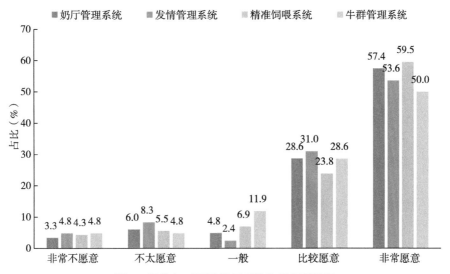

图4 奶牛场对不同管理系统使用意愿情况

通过分析不同规模奶牛养殖管理系统使用意愿可以看出（图5），1000～3000头规模奶牛场使用管理系统的意愿更强烈，这也与当前奶牛场管理系统使用实际情况相符。1000头以下奶牛场使用管理系统的意愿较低，可能原因是管理系统前期投入较大，且小规模奶牛场难以发挥其最大效用，因此1000头以下奶牛场实际使用管理系统的比例也较低。

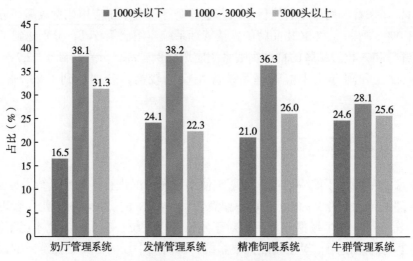

图5　不同规模奶牛场愿意使用管理系统的比例

3　自动化设备应用现状

3.1　自动挤奶机应用情况分析

调研的规模奶牛场100%实现机械化挤奶。不同类型挤奶机中，并列式挤奶机的使用比例较高，为48.5%，转盘式挤奶机和鱼骨式挤奶机使用比例较小，并列式挤奶机主要应用于中、小规模（100～3000头）奶牛场，转盘式挤奶机在3000头以上规模奶牛场应用更多（调研样本中占比为68.7%），鱼骨式挤奶机一般设置牛位数较少，适合1000头以下规模奶牛场（调研样本中占比为41.1%），而我国超大规模奶牛场和较小规模奶牛场数量较少，因而转盘式和鱼骨式挤奶机应用比重较低（图6）。另外，挤奶机器人仍处于应用初期，调研的奶牛场中仅有2家使用机器人挤奶，品牌均为利拉伐。

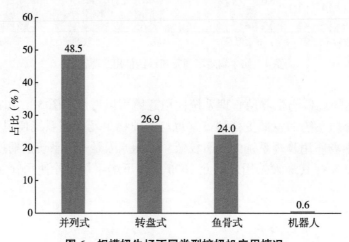

图6　规模奶牛场不同类型挤奶机应用情况

调研奶牛场中挤奶机中接近九成都是进口品牌。其中利拉伐最多，阿菲金次之，分别占比为 36.8% 和 22.7%。GEA、SCR、博美特品牌的挤奶机占比紧随其后，分别为 14.0%、12.0%、3.3%（图 7）。国产挤奶机发展速度仍较为缓慢。

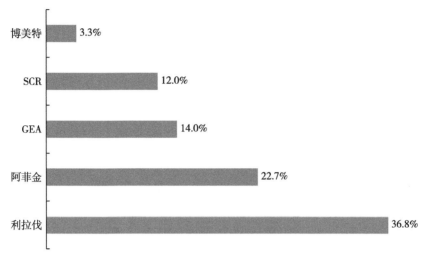

图 7 不同挤奶机品牌应用占比情况

3.2 自动发情监测设备应用现状

用于自动发情监测的设备以计步器和项圈为主，目前使用自动发情监测设备的规模奶牛场占比 67.7%，较多规模奶牛场仍使用人工发情揭发，占比 32.3%。用于自动发情监测的设备中计步器使用较多，占比 35.4%（图 8），相比项圈，计步器成本较低，但其损坏率高于项圈，尤其是南方潮湿、多雨地区[12]。因此，计步器在西北地区、东北地区和华北地区应用较多（图 9）。

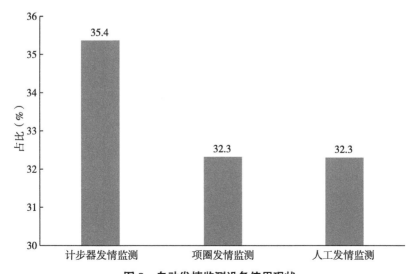

图 8 自动发情监测设备使用现状

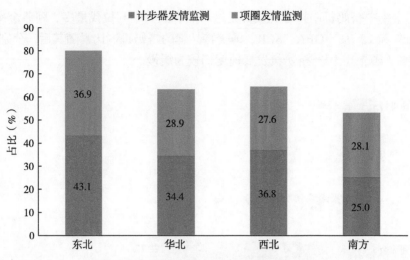

图9　不同地区自动发情监测设备应用情况

自动发情揭发设备品牌情况（图10），计步器发情揭发设备品牌主要是阿菲金、睿宝乐、GEA及其他，项圈发情揭发设备品牌主要是SCR、利拉伐、阿菲金、睿宝乐及其他。从使用比例来看，阿菲金自动发情揭发设备使用比例最高，总共占比达到41%，其中，计步器发情揭发设备使用比例为38.2%，项圈发情揭发设备使用比例为2.8%。其次为SCR品牌的项圈发情揭发设备，占比为27.5%。利拉伐、睿宝乐、GEA品牌的自动发情揭发设备也占有一定比例，别为8.2%、6.2%、4.2%。

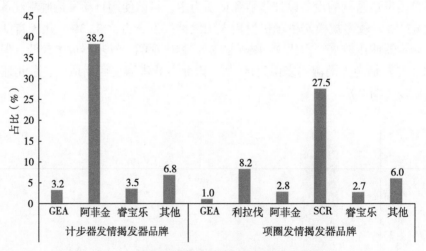

图10　不同品牌自动发情揭发设备应用情况

3.3　TMR饲料搅拌机应用情况

调研规模奶牛场100%使用TMR饲料搅拌机，但国产设备的应用比重较低。根据调研数据，规模奶牛场使用国产和进口TMR搅拌机的比重分别为21.5%和78.5%，进口是国产的 3 倍以上（图 11）。在奶业发展初期，进口 TMR 饲料搅拌机市场份额较大，尽管国产设备发展较快，但市场被进口设备挤占，国产设备推广较为困难。

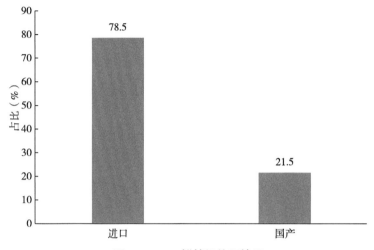

图 11　TMR 搅拌机使用情况

从国产和进口 TMR 搅拌机品牌来看，使用较多的国产 TMR 饲料搅拌机品牌为澳欣、友宏和国科，应用比例分别为 8.1%、8.1% 和 5.4%。使用较多的进口 TMR 搅拌机品牌主要有司达特、库恩、郁金香、萃欧立和法乐信，其中，司达特应用比例最高，为 44.3%，其次为郁金香和库恩品牌，占比分别为 14.1% 和 11.4%（图 12）。

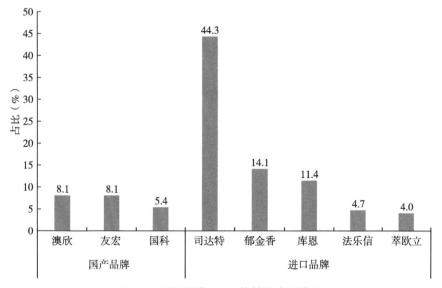

图 12　不同品牌 TMR 搅拌机应用情况

3.4　自动喷淋设备应用情况

不同规模、不同地区奶牛场自动喷淋设备应用仍有较大提升空间。不同规模来看，

3000 头以上规模奶牛场应用自动喷淋设备的比重较高，为 63.6%，较 1000 头以上奶牛场高 6 个百分点。随着规模扩大，奶牛场管理难度增加，自动喷淋能大大降低劳动强度，提高用水效率。不同地区来看，华北地区和南方地区奶牛场自动喷淋设备应用比例较高，分别为 66.7% 和 65.8%（图 13）。相比其他地区，这两个地区热应激发生时间更久、更严重，因此，采用自动喷淋设备的性价比更高。

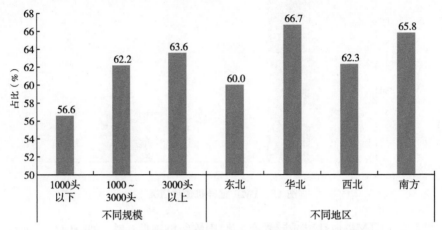

图 13　不同规模和不同地区奶牛场自动喷淋设备应用情况

3.5　自动脱杯设备应用情况

自动脱杯应用水平整体较高，西北地区仍较低。不同规模来看，1000 头以上奶牛场自动脱杯设备应用比例接近 90%，1000 头以下奶牛场应用比例相对较低，为 81.8%。不同地区来看，东北地区和南方地区自动脱杯设备应用比例较高，而西北地区相对较低，仅为 72.7%，远低于平均水平（图 14）。主要是因为西北地区人工成本较低，部分奶牛场使用人工脱杯成本投入远低于引进自动脱杯设备。

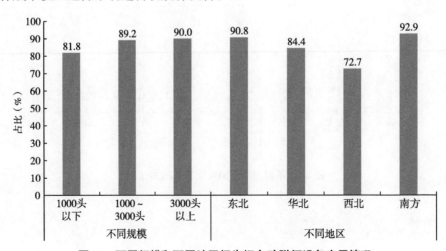

图 14　不同规模和不同地区奶牛场自动脱杯设备应用情况

3.6 产奶量自动记录器应用情况

1000头以下规模奶牛场和西北地区奶牛场应用产奶量自动记录器比例明显较低。具体来看，1000头以上奶牛场产奶量自动记录器应用比例都在80%以上，而1000头以下仅为49.5%。西北地区奶牛场产奶量自动记录器应用比例为55.5%，也处于较低水平（图15）。可能原因，一是该地区经济水平、技术水平较低，使用该设备的投入成本较高，二是该地区人工成本低。

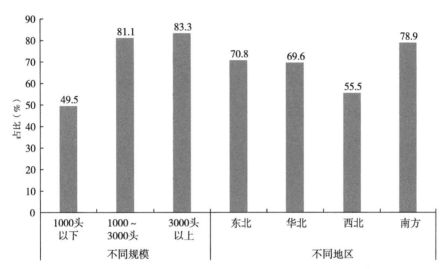

图15 不同规模和不同地区奶牛场产奶量自动记录器应用情况

3.7 自动分群门应用情况

奶牛场自动分群门整体应用水平较低。自动分群门的特点是改造成本较高，而建场伊始便应用自动分群门的话，可大大降低牛舍改造带来的沉没成本。近年来随着奶牛养殖技术的不断发展，以及人工成本提高，奶牛场对新技术引进积极性越来越高，根据调研数据统计，使用自动分群门的奶牛场大多数为近五年新建奶牛场，且新建奶牛场大多为3000头以上的大规模奶牛场，西北地区和南方地区新增奶牛场也较多，因此，3000头以上、西北地区、南方地区奶牛场自动分群门应用比重较高（图16）。

3.8 自动身份识别设备应用情况

四类自动身份识别设备中内嵌式耳标应用比例较低。调研样本中，使用外挂式电子耳标、计步器和项圈作为奶牛身份识别设备的比例分别为26.6%、31.0%和33.2%，而内嵌式电子耳标应用比例仅为9.1%（图17）。

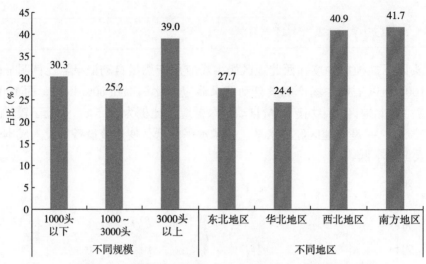

图 16　不同规模和不同地区奶牛场自动分群门应用情况

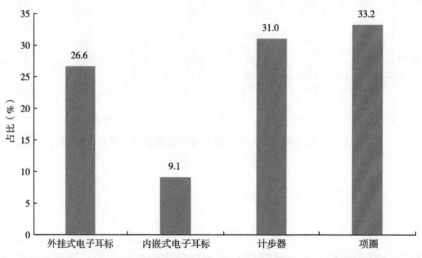

图 17　不同规模和不同地区奶牛场自动身份识别设备应用情况

4　结论与建议

4.1　结论

不同管理系统之间普遍存在"信息孤岛"。调研样本中 32.3% 的奶牛场管理系统之间尚未实现互联互通，47.7% 的奶牛场实现部分管理系统互联互通，仅有 20.0% 的奶牛场实现互联互通。不同管理系统互相分散，造成查找某项记录或档案时相对费事费时，比如，查找诊疗记录，有的需要从事件管理的兽医模块进入，有的则需要从统计分析的兽医分析模块进入。对软件不够熟悉的人员，甚至是奶牛场数据员，在使用时并不能迅速找出相应的档案记录，从而不能有效发挥管理系统的效用。

1000头以下和3000头以上奶牛场管理系统的使用比例较低。1000头以下和3000头以上奶牛场使用管理系统的平均比例分别为50%和56%，1000～3000头奶牛场管理系统使用比例为75%，相比未使用，使用管理系统的奶牛场奶牛的生产性能、奶牛场的管理水平、投入产出效率更高，这一定程度上也解释了近年来1000～3000头规模奶牛场存栏比例不断扩大的原因。发情管理系统使用对于奶牛单产和成母牛胎次胞数都具有较大改善，而当前发情管理系统的使用比率明显低于其他管理系统，为59%。

自动化设备应用仍有较大提升空间。自动发情监测设备、自动喷淋设备、自动脱杯设备、产奶量自动记录器、自动分群门以及自动身份识别设备的应用比例分别为67.7%、61.0%、86.3%、70.1%、31.7%、85.7%，其中自动分群门使用比例最低，主要是因为大部分奶牛建设初期没有采用此设备，而后期引进该设备的奶牛场改造成本较高。同时，规模越大，自动化设备应用比例较高，随着人工成本的提高，自动化设备使用的性价比更高，因此，人工成本较低的西北地区奶牛场自动化设备使用比例较低。

奶牛场管理系统以及自动化设备以进口为主，国产管理系统应用比例较低。根据调研分析结果，当前我国奶牛场应用的管理系统中，奶厅管理系统主品牌为利拉伐和阿菲金，发情管理系统主要品牌为阿菲金和SCR，精准饲喂系统主要品牌为科湃腾和一牧云，牛群管理系统主要品牌为新牛人、一牧云；自动化设备品牌中，挤奶机品牌主要为利拉伐和阿菲金，自动发情监测设备主要品牌为阿菲金、SCR、利拉伐、睿宝乐，自动发情监测和TMR搅拌机的品牌主要为利拉伐、阿菲金、SCR、司达特，国产系统及设备品牌以一牧云、新牛人、奶业之星、国科、澳新等为主，但使用比例较低。

4.2　相关建议

加大科技投入，提高奶业科技支撑能力。未来奶业发展的方向是智能化、信息化，科技的支撑作用至关重要。从政府的角度，逐步建立政府对奶业科技投入的稳定增长机制，加大奶业机械设备研发的投入力度。从科研单位的角度，应加强奶牛场管理系统互联互通技术研究，提高技术应用效率，积极推进现有科技成果的转化。从企业的角度，设备企业应加大研发投入，提高企业的核心竞争力；养殖企业应积极整合资源，提高科研成果的应用能力。

加强信息化智能化技术培训，提高奶牛场对智能化、信息化的认识和掌握水平。各级政府及相关部门应通过集中举办培训班、召开现场观摩会等方式，加强奶牛养殖技术尤其信息化智能化技术应用的培训，让奶牛场真正了解信息化管理系统的应用价值，自主选择适合奶牛场的相应设施设备，并给予相关设备技术操作指导，使数据员熟练掌握平台各项功能软件的操作和扩展功能，降低使用成本。

鼓励适度规模养殖，提高自动化设备应用比例。政府应加强适度规模奶牛场（存栏1000～3000头）在开展数字化、智能化改造和引进自动化设备方面给予政策补贴；奶牛场应实行适度规模养殖，不能一味追求大规模，而缺乏配套土地，会带来较大环保压力，影响正常生产，规模报酬也会进入递减阶段，造成养殖效率低，同时应提高自动化设备的应用，提高奶牛生产性能和管理水平。

大力发展国产自动化设备，加强国产设备补贴、宣传。目前进口自动化设备在我国奶牛场占很大比例，导致国产设备推广困难，例如新牛人、奶业之星、澳新、国科等国产品牌应用已较为成熟，因此，政府应加大对国产自动化设备研发、应用的补贴力度，促进自动化设备国产化，提高奶牛场对国产设备的应用比例，同时，企业也应加强自动化设备的宣传，提升知名度。

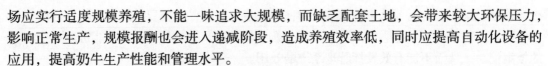

参考文献

［1］熊本海，杨亮，郑姗姗．我国畜牧业信息化与智能装备技术应用研究进展［J］.中国农业信息，2018，30（1）：18.

［2］丁芳，赵慧敏，陈慧君，等．全球全自动挤奶机器人领域专利申请地域趋势分析［J］.中国奶牛，2022（2）：42–48.

［3］王以中，辛翔飞，林青宁，等．我国畜禽种业发展形势及对策［J］.农业经济问题，2022（7）：12.

［4］于志川，王廷斌，戴志江，等．奶牛人工授精受胎率的影响因素与提高方法［J］.养殖技术顾问，2011（7）：1.

［5］周全．信息化管理在奶牛场可追溯与安全生产中的应用［J］.中国动物检疫，2009，26（1）：3.

［6］郑国生，施正香，滕光辉．中国奶牛养殖设施装备技术研究进展［J］.中国畜牧杂志，2019，55（7）：6.

［7］何东健，刘冬，赵凯旋．精准畜牧业中动物信息智能感知与行为检测研究进展［J］.农业机械学报，2016，47（5）：14.

［8］徐子晟，陈立丹，李小明．挤奶设备可靠性评价研究［J］.中国奶牛，2015（Z3）：27–32.

［9］任亮，刘彩娟，罗清华．计步器监测系统对规模化牛场繁育工作的影响［J］.中国奶牛，2017（7）：26–29.

［10］孙艺嘉，曹志华．配套机械化技术助力昌吉市设施养殖［J］.农机科技推广，2014（2）：49–50.

［11］姚於康．国外设施农业智能化发展现状、基本经验及其借鉴［J］.江苏农业科学，2011（1）：3.

［12］王祯．基于温度分布特征的奶牛发情识别关键技术的研究［D］.呼和浩特：内蒙古农业大学，2022.

我国规模奶牛场奶牛营养与饲喂管理现状调研报告

随着社会的发展和人们生活水平的提高，人们对乳及其制品数量需求增加的同时也更加关注其质量安全问题。近 20 年，我国现代奶牛养殖业迅速发展，生产能力持续提升，产业综合素质持续增强[1]，从单纯追求数量的增长，发展到数量和质量并重。而在这一过程中，奶牛养殖的科学化和精细化越来越重要。合理的饲料搭配和科学的饲喂管理不仅能够保证奶牛营养均衡，促进奶牛健康发育，有效发挥其的繁殖性能和生产能力，而且能提高饲料利用率和降低生产成本，有效促进奶业高质量发展[2]。

1 数据来源

2022 年 6—10 月对我国 23 个省（区、市）320 个规模奶牛场开展了全面调研，营养与饲喂管理情况包括：饲料原料种植情况、饲料配方制作情况、奶牛舒适度情况、生产性能测定情况等。

2 饲料营养和饲喂管理分析

2.1 饲料营养

2.1.1 饲料种植基地类型和占比

从不同地区来看，对于自有种植基地，东北地区较多，占比 38.89%，南方地区较少，占比 28.57%，东北地区较南方地区地广人稀，土地成本低，是玉米主产区，便于大型奶牛场建设，奶牛场的自有种植基地占比也相对较高。对于租赁种植基地，华北地区和南方地区较多，分别占比 35.38% 和 35.71%，东北地区较少，占比 22.22%；对于流转种植基地，东北地区和西北地区占比相对高于华北地区和南方地区（图 1）。

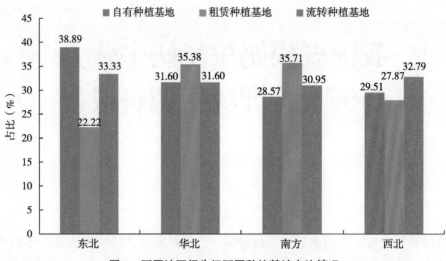

图 1　不同地区奶牛场不同种植基地占比情况

从不同规模来看，规模在 500 头以下的奶牛场自有种植基地占比最低，为 28.36%，流转种植基地占比最高，为 38.81%；规模在 501～1000 头的奶牛场租赁种植基地占比最高，为 37.50%；规模在 3000 头以上的奶牛场租赁种植基地的数量较少，占比 25.00%（图 2）。以上数据说明，规模越大的奶牛场对饲料原料的需求量也越大，同时对饲料原料的质量要求也越高，较多的奶牛场利用自有种植基地种植牧草作为饲料原料对奶牛进行饲喂。规模越小的奶牛场，考虑到生产成本，流转种植基地相对较多。

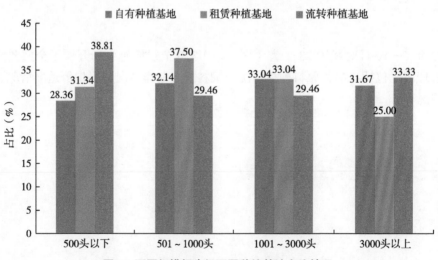

图 2　不同规模奶牛场不同种植基地占比情况

2.1.2　青贮饲料原料的种植和利用

从不同地区来看，青贮饲料原料中，各地区都以玉米种植为主，其中东北地区的玉米种植比例最高，达 77.78%；其次为小麦，华北地区小麦种植比例最高，达 24.50%；再次为苜蓿，西北地区苜蓿种植比例最高，达 17.28%；燕麦种植比例整体较低，其中东北和西北地区种植比例相对高一些（图3）。从不同规模来看，随着规模的增大，玉米的种植比例有增加的趋势，规模越大的奶牛场对玉米青贮的需求量越大，一般大型奶牛场都有多个青贮窖，可通过大规模青贮来满足奶牛生产中对青绿饲料的需求（图4）。

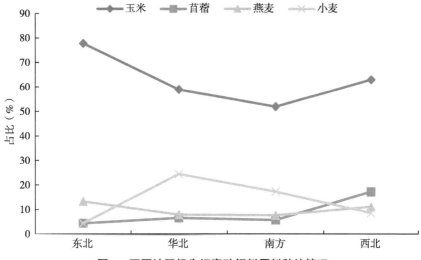

图3　不同地区奶牛场青贮饲料原料种植情况

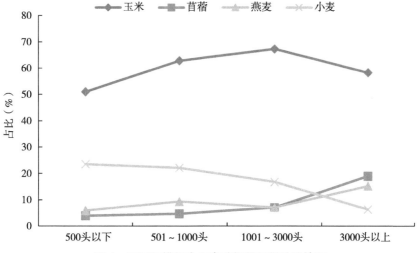

图4　不同规模奶牛场青贮饲料原料种植情况

2.1.3　饲料配方制作

从不同地区来看，华北地区饲料配方由预混料企业营养师设计和由饲料添加剂企业设计的占比较高，分别达41.04%和23.88%，牧场专职营养师设计占比相比其他地区低，为26.87%；而南方地区和西北地区饲料配方由牧场专职营养师设计的比例较高，分别占比51.22%和56.58%，其中南方地区饲料配方由预混料企业营养师设计占比最低，为24.39%（图5）。与我国反刍饲料产量分布格局相匹配，我国反刍饲料产量前十大区域绝大部分集中在北方地区，占全国反刍饲料的 80%[3]，因此华北地区由预混料企业营养师设计和由饲料添加剂企业设计饲料配方相对具有优势。而南方地区预混料企业数量也明显少于其他地区，因此，依靠企业营养师设计饲料配方的比例相对其他地区较少，主要依靠牧场专职营养师设计饲料配方。

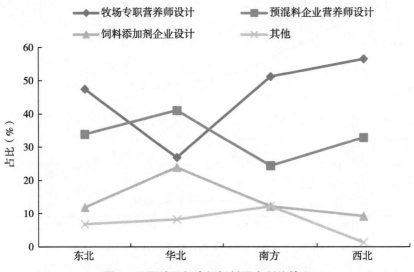

图5 不同地区奶牛场饲料配方制作情况

从不同规模来看，小规模奶牛场饲料配方由预混料企业营养师设计和饲料添加剂企业设计占比较大，随着养殖规模扩大，两者所占比例有下降趋势，而饲料配方由牧场专职营养师设计的占比有上升趋势（图6）。以上数据说明，小规模奶牛场为节约人工成本，一般选择饲料企业为其制定饲料配方，而规模越大的奶牛场更多倾向于培养自己的专职营养师，专职营养师可以根据奶牛场的实际生产情况，提供更加科学合理、有针对性的营养问题解决方案，提升奶牛场的生产能力，进而提升其经济效益。

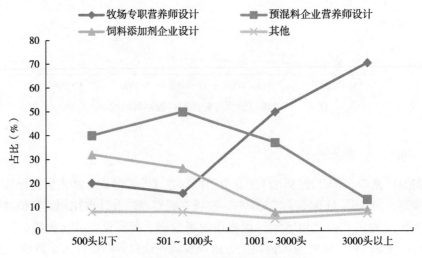

图6 不同规模奶牛场饲料配方制作情况

2.1.4　环保饲料添加剂应用

环保饲料添加剂不仅可以提高动物健康和生产效益，同时也可以对环境保护起重要作用。微生态制剂、有机微量元素、合成氨基酸和酶制剂是应用较多的 4 种饲料添加剂，从不同地区来看，这 4 种饲料添加剂占总环保饲料应用的 73% 以上，从不同规模来看，占总环保饲料应用的 74% 以上（图 7）。研究表明，使用有机微量元素可有效减少对饲料酶制剂活性的影响[4]，从调研看，有机微量元素和酶制剂这 2 种环保饲料添加剂的应用比例均较大，有机微量元素协同酶制剂可以使奶牛场效益最大化。合成氨基酸在华北地区和南方地区应用的奶牛场占比均为 20% 左右。目前，我国饲料需求持续增长，豆粕减量替代趋势提速又为合成氨基酸带来了大量的增量需求。另外，除臭剂在 3000 头以上的奶牛场使用比例高于其他规模奶牛场，可能是由于奶牛场规模越大，管理工作难度越大，环境问题相对越多，因此，会更多选择用除臭剂来改善牛场环境（图 8）。

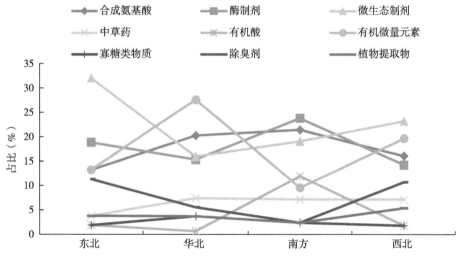

图 7　不同地区奶牛场环保饲料添加剂应用情况

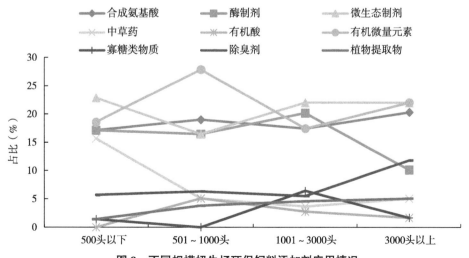

图 8　不同规模奶牛场环保饲料添加剂应用情况

2.2 饲喂管理

2.2.1 卧床形式和卧床垫料

牛卧床可以规范奶牛休息、提高奶牛的睡眠质量和产奶量，也能预防某些疾病的发生，对规模奶牛场非常重要。在卧床形式方面，不同规模奶牛场中，有71.25%～80.23%奶牛场的泌乳牛采用自由卧床，7.84%～16.25%的奶牛场有运动场（图9），大通铺卧床所占比例相对较低。卧床垫料在提高奶牛舒适度方面具有重要作用。在调研的不同规模的奶牛场中，大部分都使用沙子和牛粪作为卧床垫料，其中，随着养殖规模扩大，使用牛粪垫料的占比增加，另外还有一些奶牛场使用稻壳、锯末等其他形式垫料（图10）。

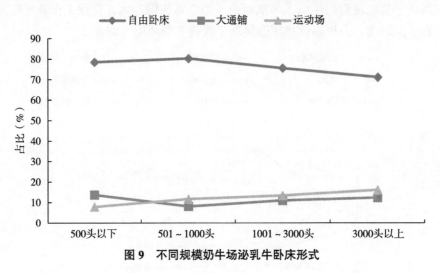

图9 不同规模奶牛场泌乳牛卧床形式

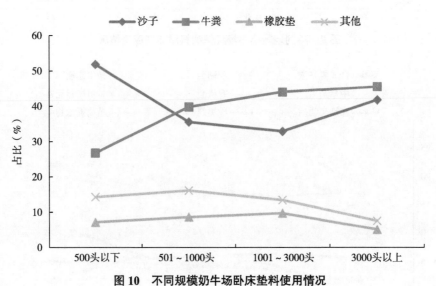

图10 不同规模奶牛场卧床垫料使用情况

2.2.2 生产性能（DHI）测定情况

从不同规模来看，有 50.00% ~ 92.47% 的规模化奶牛场每月进行 1 次 DHI 检测，另有 1.08% ~ 7.69% 的奶牛场每月进行 2 次 DHI 检测，并且随着养殖规模的增加，每月进行 DHI 检测的奶牛场占比呈增加的趋势（图 11），说明奶牛场规模越大，越重视 DHI 工作，以期让检测数据为奶牛场的生产管理、奶牛群体改良和选种选配提供依据。对于 DHI 测定对调整日粮配方的影响，94.59% ~ 98.36% 的奶牛场认为有用（包括一般有用、比较有用、非常有用），其中，认为 DHI 测定对调整日粮配方非常有用的比例占 34.78% ~ 41.41%（图 12）。

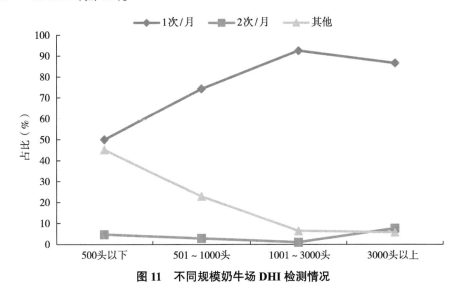

图 11 不同规模奶牛场 DHI 检测情况

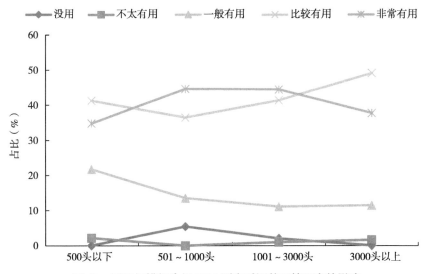

图 12 不同规模奶牛场 DHI 测定对调整日粮配方的影响

3 结论

不同规模、不同地区牧草种植基地情况差异较大，但都以种植青贮玉米为主。东北地区由于地广人稀，土地成本低，且为玉米主产区，自有种植基地面积较多。奶牛场规模越大越倾向以自有种植基地满足奶牛生产青贮饲料需求。饲料原料种植品种以玉米为主，其次为小麦和苜蓿，其中，东北地区玉米种植比例最高，华北地区小麦种植比例最高。

饲料配方以奶牛场专职营养师设计和预混料企业营养师设计为主，环保饲料应用多样。华北地区饲料配方由预混料企业营养师设计和由饲料添加剂企业设计的占比较高，南方地区采用奶牛场专职营养师设计的比例显著高于采用预混料企业营养师设计的比例，分析原因主要是南方地区预混料企业数量明显少于北方地区，依靠当地预混料企业营养师设计饲料配方的比例相对较少。规模越大的奶牛场越倾向于选择奶牛场专职营养师为其提供更加科学合理、有针对性的营养问题解决方案。饲料配方中，有机微量元素、微生态制剂、合成氨基酸和酶制剂是应用较多的4种饲料添加剂。其中，除臭剂在3000头以上的奶牛场使用比例最高。

奶牛场更加注重通过改善卧床条件提高奶牛的舒适度。舒适的卧床是养好牛的必备条件之一，在调研奶牛场中，泌乳牛以自由卧床为主，并且有10%左右的奶牛场配有运动场。在不同规模的奶牛场中，大部分都使用了卧床垫料，且卧床垫料以沙子和牛粪为主。但是沙子作为垫料也存在诸多问题，比如运输、翻填、回收费时费工，沙粒对牛粪的处理挑战巨大，沉淀池的容量和清理，干湿分离时对设备的损坏等，需要进一步优化处理方式。

规模奶牛场对DHI的接受程度普遍较高。规模越大奶牛场DHI检测执行情况越好，94%以上的奶牛场认为DHI测定对于调整日粮配方有影响，DHI已成为规模奶牛场生产管理的重要参考。

4 建议措施

根据地区特点选择适宜饲料原料种植品种，加强优质青贮饲料制作技术推广培训。目前部分奶牛场种植基地的青贮饲料仍无法满足奶牛生产需求，并且部分养殖企业对青贮饲料制作技术掌握不够。奶牛场应抓住国家大力推进粮改饲的良好政策，进一步推进种养结合模式。在种植品种上，以全株青贮玉米、苜蓿、燕麦草等为主导品种，统筹兼顾其他饲草品种，应根据区域特点，选择适应性强、产量高、饲用价值优、抗逆性好、抗病性强的品种[5]。另外，可针对不同区域青贮饲料在种植、调制、评价和利用环节的关键技术问题，加强对青贮饲料制作人员的技术培训，尤其是小规模奶牛场应进一步提升青贮饲料制作水平。

充分发挥环保型饲料添加剂的协同使用效果，提高动物对饲料的利用效率。减少饲料原料的浪费，降低奶牛生产对环境的污染是奶牛养殖业需要持续关注的问题。应根据奶牛场实际情况选择合适的饲料配方制作方案，科学合理地进行配方设计，使用有机微量元素、酶制剂、合成氨基酸等多种形式的饲料添加剂，同时注重不同饲料添加剂之间的协同效应，例如有机微量元素协同酶制剂，提高生产效益。另外对于奶牛场的环境改善，除臭剂的添加可作为辅助手段，应从根本上加强规模化奶牛场的环境保护措施。

重视奶牛福利，提高奶牛舒适度，充分利用牛粪垫料降本增效。牛卧床是牛舍环境的重要组成部分，良好的卧床舒适度是提高奶牛生产性能，改善奶牛福利的重要措施。清洁、干燥、柔软的卧床垫料可以提高奶牛的躺卧时间，进而提高产奶量。目前大部分奶牛场以沙子和牛粪作为垫料，对于使用沙子作为垫料的奶牛场，应重点解决沙粒和粪便混合的处理，以及干湿分离时对设备的损坏。建议使用好氧发酵处理后的牛粪作为垫料，将纤维长度、温湿度，旋耕频率，垫料补充频率作为重要参考指标[6]，将牛粪进行资源化利用的同时，实现低碳减排与降本增效。

充分发挥 DHI 测定在生产管理、奶牛群体改良方面的重要作用。有关部门应进一步宣传和推动 DHI 测定工作，加强 DHI 服务人员培训，提高测试人员对 DHI 的认识及对测试采样重视程度，同时完善奶牛场配种、产犊、干奶等基础数据信息，提高数据有效性，获得科学的数据指导生产管理。另外，提高中小规模奶牛场对 DHI 测定的应用，为奶牛场饲养管理、繁殖配种、乳房保健及疾病防治等提供客观、准确、科学的依据，进一步提高中小规模奶牛场的生产效益。

参考文献

[1]中国奶业协会,农业农村部奶及奶制品质量监督检验测试中心(北京).中国奶业质量报告（2022）[J].北京:中国农业科学技术出版社,2022.

[2]王礞礞.2011年全国规模奶牛场饲养管理状况调查报告[J].中国乳业,2012(11):8-11.

[3]华金证券.反刍动物饲料行业专题研究报告:有待开发的一片蓝海[EB/OL].https://www.vzkoo.com/document/755d9051a2b89f157293ccd67f02d3a7.html,2021-03-23.

[4]饲料行业网.有机微量七大特殊营养价值,协同酶制剂效益最大化[EB/OL].https://baijiahao.baidu.com/s?id=1741385271393349664&wfr=spider&for=pc,2022-08-17.

[5]全国畜牧总站,中国农业科学院北京畜牧兽医研究所.中国全株玉米青贮质量安全报告2022[M].北京:中国农业科学技术出版社,2023.

[6]云种养.中农创达联合荷斯坦大讲堂,推出"奶牛舒适度"直播讲座[EB/OL].https://www.sohu.com/a/595491699_100024261?scm=1102.xchannel:325:100002.0.6.0&spm=smpc.channel_248.block3_308_NDdFbm_1_fd.1.1685357087779MpY2lRc_324,2022-10-26.

我国规模奶牛场卫生保健与疾病防治现状调研报告

做好奶牛疫病防控对于保障奶业健康发展和奶类供给安全具有十分重要的意义。近年来，我国奶牛养殖技术迅速发展，奶牛场不断改善奶牛养殖福利、健全防疫制度、强化卫生保健和疾病防治的技术和物资储备，落实强制免疫、清洁消毒、疾病保健等相关措施，加强"防、查、治"的全面结合，使疾病综合防控能力得到了明显的提升。但部分疾病频发，加之多种外部风险因素相互交织，防治形势依然复杂严峻，防治工作不容松懈马虎。如不及时、全面地了解奶牛场疾病防治的详细情况，因时制宜、因地制宜地采取针对性措施，将直接影响奶牛单产水平和牛群的健康状况，从而严重影响奶牛场的经济效益，甚至会影响奶业高质量发展和"肉蛋奶"的安全供给。因此，对现阶段奶牛的发病特点、发病规律、防治措施和理念进行了系统调查，可以为奶牛场分病种、分阶段制定差异化防治策略，为科研单位和研发企业在疫苗、兽药、快速诊断技术上加快产品研发应用，为管理部门指导基层风险防范和综合防治能力建设提供数据支持。

1 调研内容

2022 年 6—10 月对我国 23 个省（区、市）320 个规模奶牛养殖场开展了卫生保健与疾病防治状况的调研活动，主要调研不同类型疾病对奶牛场收益的影响程度，奶牛场死淘率及原因分析，主要疾病发病率，常见的非 A 类传染病、疾病监测检疫情况、疫苗免疫情况，干奶药和封闭剂的使用情况以及不同种类药品的年度预算情况等。

1.1 五大类疾病对奶牛场收益的影响

根据奶牛场普遍情况，将奶牛常见病分为乳房炎、肢蹄病、繁殖疾病、消化系统疾病、代谢性疾病五大类。为了评判不同类型疾病的影响程度，奶牛场负责人对以上五类疾病按照对本场影响程度的大小进行排序，排在第一、第二、第三、第四、第五位分别计 4、3、2、1、0 分，并依据比重计算总得分，计算见公式 1。

总影响程度得分：

$$Y=\sum_{i=1}^{k} R_i \frac{X_i}{M_i} \text{（k=1，2，3，4，5）} \qquad \cdots\cdots \text{公式 1}$$

式中，R 为排名得分，i 为排名，M 为总样本数，X 为疾病排名样本数。

1.2 奶牛场年死淘率

为了解奶牛场的年死淘率情况，划分了低于 5%、5% ~ 10%（含 5%）、10% ~ 20%（含 10%）、20% ~ 30%（含 20%）、30% 及以上 5 个区间范围进行统计，并对导致死淘的主要原因如乳房炎、肢蹄病、繁殖疾病、消化系统疾病、代谢性疾病以及其他疾病和物理损伤等进行分析。

1.3 主要疾病月发病率

在奶牛场常见疾病中，依据近几年的疾病发病趋势和对奶牛场的影响，选择了乳房炎（临床型乳房炎、隐性乳房炎）、肢蹄病、繁殖疾病（子宫炎、胎衣不下）、代谢性疾病（酮病、产后瘫痪、真胃变位）、消化系统疾病（犊牛腹泻）、其他疾病和物理损伤（犊牛呼吸道疾病）等各大类疾病中的 10 个常见病种和问题，对其发病率、发病规律进行统计，按照正态分布将月发病率分为小于 1%、1% ~ 3%（含 1%）、3% ~ 6%（含 3%）、6% 及以上 4 个等级，分别代表了很好、良好、一般、较差水平，并咨询相关人员了解其致病原因。

1.4 常见传染病监测和免疫

为进一步掌握奶牛场常见的传染病及其防疫检疫措施，对奶牛场涉及的非 A 类传染病、重点监测检疫的疾病、疫苗免疫的主要类型进行了调查。调查的非 A 类传染病包括牛病毒性腹泻、牛传染性鼻气管炎、副结核病、梭菌病、轮状病毒病、冠状病毒病、沙门氏菌病、球虫病、隐孢子虫病。调查的重点监测疾病有布鲁氏菌病、口蹄疫、结核病、副结核病、牛病毒性腹泻。调查的免疫疫苗类型有牛梭菌疫苗、牛结节性皮肤病疫苗（山羊痘疫苗）、牛传染性鼻气管炎疫苗、炭疽疫苗、口蹄疫疫苗、巴氏杆菌疫苗、布鲁氏菌疫苗、牛病毒性腹泻疫苗。

1.5 干奶药和封闭剂

鉴于乳房炎是影响奶牛场最普遍、最严重的疾病，对奶牛场的干奶管理措施进行了调查，比较了干奶药和乳头封闭剂的使用情况及其使用范围，使用范围包括是否在全群使用、部分牛群使用或从不使用。

1.6 药品预算

奶牛场每年的药品预算用于购买疫苗、抗生素、激素、非甾体抗炎药、驱虫药、营养药（电解质、钙）等。本次调查同时对奶牛场使用药品的年度总预算情况进行了解，划分了小于 200 元 / 头、201 ～ 400 元 / 头、401 ～ 600 元 / 头、601 ～ 800 元 / 头、801 ～ 1000 元 / 头、1001 元 / 头及以上 6 个区间范围进行统计。

2 结果与分析

2.1 五大类疾病对奶牛场收益的影响排序

调研结果显示，五大类疾病对奶牛场收益的影响按从重到轻依次为乳房炎、肢蹄病、繁殖疾病、消化系统疾病、代谢性疾病（表 1）。其中，乳房炎和肢蹄病对奶牛场收益的影响均较大，成为困扰奶牛场的主要疾病；其次是繁殖疾病和消化系统疾病；代谢性疾病的影响程度是这五大类疾病中最低的。

表 1　5 种常见病对奶牛场收益的影响程度分析

排位及得分	乳房炎（%）	肢蹄病（%）	繁殖疾病（%）	消化系统疾病（%）	代谢性疾病（%）
第 1 位（计 4 分）	34.18	30.86	17.07	15.73	11.54
第 2 位（计 3 分）	22.78	27.16	20.73	20.22	12.82
第 3 位（计 2 分）	22.78	14.81	25.61	20.22	12.82
第 4 位（计 1 分）	10.13	16.05	18.29	32.58	23.08
第 5 位（计 0 分）	11.11	10.13	11.24	18.29	39.74
得分	2.61	2.51	2.01	1.97	1.36

《中国乳业》编辑部 2012 年开展了的产业调研结果显示，乳房炎是奶牛场最常见和对收益影响最大的疾病，但 2012 年调研的 137 家奶牛场中，有 62% 的奶牛场将乳房炎排在第 1 位[1]。10 年后将乳房炎排在第 1 位的奶牛场降低了 28 个百分点。选择典型奶牛场咨询其负责人了解原因为近 10 年来随着规模奶牛场的标准化、智能化发展，无论从饲养管理、奶厅卫生和疾病控制方面，各奶牛场对乳房炎的研究认知和管理实践能力都在不断增强，防治方案不断完善，所以乳房炎对奶牛场收益的影响程度正逐渐降低。

2.2 奶牛场年死淘率及常见诱发因素分析

2.2.1 奶牛场年死淘率

根据奶牛的健康状况及其使用价值对奶牛进行合理淘汰是奶牛场更新牛群、提高效益的重要方式之一^[2]。一般有 2 种淘汰形式：一种是被动淘汰，即奶牛患有治疗成本较高的一些疾病或其他较严重的疾病而被淘汰；另一种是主动淘汰，即因各种原因导致的产奶量下降致使奶牛的饲养利润达不到边际利润而被淘汰。所以，牛群死淘率高，也可能意味着主动淘汰占比高，侧面也反映了奶牛场以养殖效益为重、加速牛群更新的现象。本次调研结果显示，年死淘率为 20%～30%（含 20%）的奶牛场占比最高，为 32.28%（表 2）。对某奶牛场负责人进行奶牛场高死淘率的原因调查，表示淘汰率较高是普遍现象，且大规模的奶牛场往往淘汰率更高一些，尤其在现行饲养成本较高的情况下，加大死淘率对于拉动单产水平、提升饲养效益的作用较为明显。

表 2　调研奶牛场的年死淘率情况

年死淘率范围	奶牛场数量（个）	奶牛场占比（%）
低于 5%	62	21.75
5%～10%（含 5%）	42	14.74
10%～20%（含 10%）	62	21.75
20%～30%（含 20%）	92	32.28
30% 及以上	27	9.48
合计	285	100

2.2.2　高死淘率的诱发因素分析

对奶牛场反馈的导致高死淘率的主要疾病诱发因素进行分析（图 1），排在前 3 位的原因分别为繁殖疾病、消化系统疾病、代谢性疾病，分别有 50.52%、46.05%、39.86% 的奶牛场将其列为了主要因素之一；较少原因为物理损伤，只有 19.24% 的奶牛场反映引起该场高死淘率的原因包括物理损伤。繁殖疾病使得奶牛场的淘汰率升高：一是由于这类疾病更易增加治疗成本和繁育成本；二是奶牛一旦出现繁殖障碍，易发生产犊间隔延长或屡配不孕，将直接影响下一胎次的产奶量和养殖利益，所以奶牛场在进行全面评估后，如果发现奶牛饲养价值变小，一经发现就会考虑及时主动淘汰。

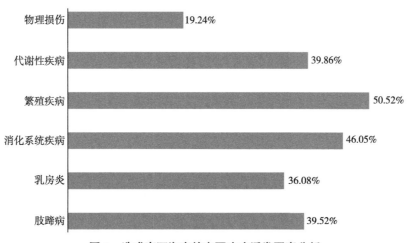

图 1　造成高死淘率的主要疾病诱发因素分析

2.3 具体常见疾病的发病率分析

2.3.1 乳房炎

乳房炎分为临床型乳房炎和隐性乳房炎两大类，如隐性乳房炎未得到很好控制，将发展为慢性乳房炎，导致奶牛过早淘汰[3,4]。调研奶牛场的临床型乳房炎发病率和隐性乳房炎发病率见表3。在临床型乳房炎上，有10.82%的调研奶牛场能将发病率控制在1%以内；70.52%的调研奶牛场将发病率控制在3%以内，这说明近3/4的奶牛场能把临床型乳房炎的风险控制良好；只有9.70%的奶牛场发病率达到6%及以上。在隐性乳房炎上，能将月发病率控制在3%以内的奶牛场数量占调查牛场总数的44.66%，月发病率在3%～6%（含3%）和6%及以上的奶牛场比例较临床型乳房炎高，都超过了1/4。

因为奶牛乳房炎不是由单一因素引发，它与奶牛场的卫生环境、挤奶操作、致病菌检测机制、兽医水平等因素都息息相关，其发病率可以反映一个奶牛场的整体管理水平。从调研结果可以看出，现阶段规模奶牛场有关临床型乳房炎治疗方案的合理化、病原菌控制能力以及挤奶设备的常规维护等方面都有所改善，所以牛群整体管理能力提高，临床型乳房炎发病率控制较好，但隐性乳房炎的高发现象在奶牛场中还比较常见，还需进一步深化揭发与治疗。

表3 临床型乳房炎和隐性乳房炎的月发病率比较

月发病率范围	临床型乳房炎		隐性乳房炎	
	奶牛场数量（个）	奶牛场占比（%）	奶牛场数量（个）	奶牛场占比（%）
小于1%	29	10.82	20	9.71
1%～3%(含1%)	160	59.70	72	34.95
3%～6%(含3%)	53	19.78	55	26.70
6%及以上	26	9.70	59	28.64
合计	268	100	206	100

对乳房炎高发月份进行统计，结果显示，临床型乳房炎常见于7—9月，隐性乳房炎发生较早，常见于6—9月（图2）。分析原因，受夏季热应激的影响，奶牛的采食量下降且身体热平衡异常，易造成消化机能的减退以及代谢的紊乱，导致机体免疫力下降。加之高温高湿环境下，各种微生物感染使奶牛患病风险增大，较为常见的疾病就是乳房炎[5]，所以热应激管理非常重要。

2.3.2 肢蹄病

奶牛发生肢蹄病，造成行动不便和患处疼痛，奶牛的健康福利水平下降，严重时被过早淘汰[6]。从全国情况看，60.31%的奶牛场能将肢蹄病发病率控制在3%以内，控制很好和较差的奶牛场即发病率在1%以内和6%及以上的奶牛场比例分别为20.99%和14.89%（表4）。对奶牛肢蹄病的高发月份进行统计，结果显示，肢蹄病多发于6—8月，阴雨连绵的季节易发本病。经调研奶牛场负责人反馈原因，主要因为夏秋季饲喂青绿多汁饲料，牛粪稀，尿多，环境潮湿，病原菌大量生长，易使蹄部皮肤疏松、角质变软而发病，另外热应激也容易降低奶牛的抵抗力。

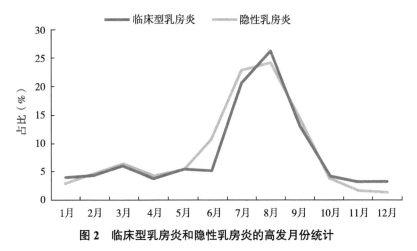

图2　临床型乳房炎和隐性乳房炎的高发月份统计

表4　肢蹄病的月发病率比较

月发病率范围	奶牛场数量（个）	奶牛场占比（%）
小于1%	55	20.99
1%～3%（含1%）	103	39.31
3%～6%（含3%）	65	24.81
6%及以上	39	14.89
合计	262	100

2.3.3　繁殖疾病

　　繁殖疾病也是造成奶牛淘汰的主要因素，主要有子宫炎、胎衣不下、卵巢囊肿、子宫脱出、不孕症等，最常见的为子宫炎和胎衣不下[7]。本次调查中，奶牛子宫炎和胎衣不下的发病情况见表5。从全国看，将奶牛子宫炎的月发病率控制在3%～6%（含3%）的

表5　子宫炎和胎衣不下的月发病率比较

月发病率范围	子宫炎		胎衣不下	
	奶牛场数量（个）	奶牛场占比（%）	奶牛场数量（个）	奶牛场占比（%）
小于1%	40	15.69	44	17.25
1%～3%（含1%）	76	29.80	88	34.51
3%～6%（含3%）	81	31.76	66	25.88
6%及以上	58	22.75	57	22.35
合计	255	100	255	100

奶牛场占比最高，为31.76%；将胎衣不下的月发病率控制在1%～3%（含1%）的奶牛场占比最高，为34.51%。高发病率的奶牛场也普遍存在，这2种疾病在6%及以上的奶牛场比例均超过22%，说明繁殖疾病高发的现象还较为常见。另外，根据奶牛场负责人的普遍调查结果，繁殖疾病常发于新产牛，全年四季多发，尤以春夏季为主。

2.3.4 代谢性疾病

代谢性疾病种类较多，全年四季多发。临床酮病、亚临床酮病、产后瘫痪、真胃变位等都是常见的奶牛代谢病。患有代谢性疾病的奶牛，体内环境会发生变化，容易出现机体代谢失调或营养障碍，产奶量下降，产后疾病增加，甚至淘汰、死亡。在调研中，不同种类的代谢病的月发病率比较见表6。从全国看，产后瘫痪和真胃变位的控制良好，发病率低于3%的奶牛场比例都超过了80%，并且月发病率较高的奶牛场占比较少。其次是临床酮病，发病率低于3%的奶牛场数量占调查牛场总数的70.93%。亚临床酮病填写的样本数量较少，有奶牛场反映对此数据记录不全，发病率低于3%的奶牛场数量占调查牛场总数的56.78%，发病率为6%及以上的奶牛场比例相较于其他代谢病也高。由此看出，奶牛场对亚临床酮病的重视程度不够，但亚临床酮病对奶牛场收益的影响很大，且不易被及时发现，如泌乳早期的亚临床酮病可以降低产奶量，患有亚临床酮病的奶牛难以达到产奶高峰[8]。

表6 常见代谢病的月发病率比较

月发病率范围	临床酮病		亚临床酮病		产后瘫痪		真胃变位	
	奶牛场数量（个）	奶牛场占比（%）	奶牛场数量（个）	奶牛场占比（%）	奶牛场数量（个）	奶牛场占比（%）	奶牛场数量（个）	奶牛场占比（%）
小于1%	64	28.19	45	22.61	80	35.40	77	32.63
1%～3%（含1%）	97	42.73	68	34.17	113	50.00	116	49.15
3%～6%（含3%）	44	19.38	29	14.57	31	13.72	33	13.98
6%及以上	22	9.69	57	28.64	2	0.88	10	4.24
合计	227	100	199	100	226	100	236	100

注：临床酮病指血酮检测值高，并有临床症状出现；亚临床酮病指血酮检测值高于1.2mmol/L。

2.3.5 犊牛腹泻

近年来，困扰奶牛场较多的犊牛消化道问题是犊牛腹泻。犊牛腹泻可发生在犊牛饲养的各个阶段，阻碍犊牛健康生长甚至导致犊牛死亡，严重影响奶牛场养殖效益及行业发展[9]。本次调研专门对犊牛腹泻发生率进行了调查。结果显示，较多奶牛场发生了普遍的犊牛腹泻现象，且高发病率的奶牛场占比逐渐增大（表7）。只有10.44%的奶牛场能控制很好，月发病率为6%及以上的奶牛场占比接近一半，说明在调研所涉及的各种疾病问题中，犊牛腹泻的防控形势非常严峻。但各个奶牛场引起犊牛发生腹泻的原因多而复杂，有病毒、细菌、寄生虫、营养、应激等诸多原因，且犊牛腹泻的临床症状、病理变化及防治方法也不尽相同,若想进一步改善犊牛腹泻,就要正确分析腹泻原因[9],并采取针对性的措施。

表 7　犊牛腹泻的月发生率

月发病率范围	奶牛场数量(个)	奶牛场占比(%)
小于1%	26	10.44
1%～3%(含1%)	56	22.49
3%～6%(含3%)	66	26.51
6%及以上	101	40.56
合计	249	100

2.3.6　犊牛呼吸道疾病

在实际生产管理中,由于饲养管理不善和疫病感染所引起的牛呼吸道疾病也是严重损害犊牛健康的杀手。牛呼吸道疾病是由多种病毒和细菌引起的牛肺炎、运输热、支气管炎等疾病的统称,常见于犊牛和新引进牛群,多发于秋冬季节,发病率高、死亡率高[10]。本次调研结果显示,犊牛呼吸道疾病发病率低于3%的奶牛场数量占调查牛场总数的2/3,控制很好和控制较差即发病率小于1%和6%及以上的奶牛场占比分别为25.42%和15.82%(表8)。

表 8　犊牛呼吸道疾病的月发病率

月发病率范围	奶牛场数量(个)	调查奶牛场占比(%)
小于1%	45	25.42
1%～3%(含1%)	73	41.24
3%～6%(含3%)	31	17.51
6%及以上	28	15.82
合计	177	100

2.4　常见传染病监测和免疫情况

奶牛场常见的传染病有牛病毒性腹泻/黏膜病、牛传染性鼻气管炎、副结核病、结核病、巴氏杆菌病、犊牛大肠杆菌病、牛支原体性肺炎等。一旦发生传染病会给奶牛场带来巨大的经济损失,因此奶牛养殖业对传染病更要予以足够的重视。为进一步做好奶牛传染病的诊断和防疫工作,对常见非A类传染病、常重点监测的疾病、常见免疫疫苗也进行了调查。

调查奶牛场中,前3位常见的非A类传染病分别是牛病毒性腹泻、梭菌病、牛传染性鼻气管炎(表9);最常重点监测的疾病有布鲁氏菌病、口蹄疫、结核病(表10);常用的疫苗免疫中，接种较普遍的分别是口蹄疫疫苗、牛结节性皮肤病疫苗（山羊痘）、布鲁氏菌病疫苗、牛梭菌疫苗（表11）。

表9　奶牛场常见非A类传染病的分布情况

非A类传染病类型	占比（%）
牛病毒性腹泻	51.24
梭菌病	35.12
牛传染性鼻气管炎	26.03
球虫病	20.66
副结核病	18.18
沙门氏菌病	12.40
冠状病毒病	10.33
轮状病毒病	9.09
隐孢子虫病	4.96

表10　奶牛场常重点监测的疾病情况

疾病类型	占比（%）
布鲁氏菌病	80.14
口蹄疫	75.61
结核病	60.98
牛病毒性腹泻	36.93
副结核病	20.91
其他	3.14

表11　奶牛场常见疫苗免疫的情况

疫苗类型	占比（%）
口蹄疫疫苗	95.35
牛结节性皮肤病疫苗（山羊痘）	74.42
布鲁氏菌病疫苗	64.78
牛梭菌疫苗	59.14
牛病毒性腹泻疫苗	44.85
牛传染性鼻气管炎疫苗	38.87
巴氏杆菌疫苗	26.25
炭疽疫苗	20.27
其他	1.66

2.5 干奶药和封闭剂的使用情况

乳头孔是致病菌侵入乳房的必经之路，乳头管通过形成角蛋白栓从而密封，成为乳房的第一道天然物理防御屏障。但角蛋白栓容易形成异常，造成乳头孔延迟封闭不全，大大增加了乳房内感染的风险[11]。越高产的奶牛，乳头关闭异常越容易发生。随着对乳房炎发生机理的认知和研究不断深入，国内越来越多的奶牛场坚持以预防为主，开始对干奶期的奶牛使用干奶药和乳头封闭剂，争取将乳房炎隐患降到更低。

为全面分析乳房炎防治效果逐渐取得疗效的各种原因，此次调研专门对干奶药和乳头封闭剂的使用情况进行调查。调查结果显示，78.16%的奶牛场对全群使用了干奶药，18.04%的奶牛场对部分牛群尤其是高风险的牛群使用了干奶药，说明绝大多数奶牛场都实施了有效的干奶管理措施（图3）。而乳头封闭剂的使用则没有干奶药使用得普及，调查结果显示，30.23%的奶牛场对全群使用了乳头封闭剂，23.26%的奶牛场对部分牛群使用了乳头封闭剂，多数奶牛场几乎不使用（图3）。

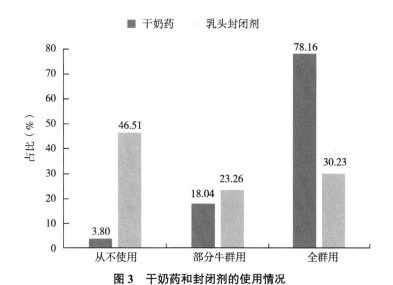

图3 干奶药和封闭剂的使用情况

2.6 不同种类药品的预算情况

本次调查同时对奶牛场使用药品的年度预算情况进行了详细了解（表12）。33.72%的奶牛场药品预算为201～400元/头，21.32%的奶牛场药品预算低于200元/头，还有一定比例的奶牛场药品预算超过了600元/头。可见药品支出也是奶牛场的主要支出成本之一。

表 12　不同种类药品的预算情况

预算范围（元/头）	奶牛场数量（个）	奶牛场占比（%）
小于 200	55	21.32
201～400	87	33.72
401～600	53	20.54
601～800	34	13.18
801～1000	12	4.65
1001 及以上	17	6.59
合计	258	100

3　结论

乳房炎依旧是影响奶牛场收益最严重的疾病。本次调查中，奶牛场负责人认为，乳房炎和肢蹄病对奶牛健康福利和奶牛场收益的损害均较大，其中乳房炎依旧是影响最大且影响最久的疾病，其次是繁殖疾病和消化系统疾病。但与课题组 10 年前的调研结果比较，将乳房炎排在第 1 位的奶牛场比例下降了 28 个百分点，说明奶牛乳房炎对国内奶牛场收益的影响程度正在得以改善。

繁殖疾病是导致奶牛高死淘率的主要原因。随着规模化程度的提高，奶牛场更加注重高效发展，对产奶少、质量差、经济效益弱的奶牛加大了淘汰率。根据调研结果，50.52% 的奶牛场反馈本场高淘汰率的主要因素有繁殖疾病，46.05% 的奶牛场反馈主要因素有消化系统疾病。这说明，奶牛场加大了繁殖疾病和消化系统疾病引发的淘汰力度，从被动淘汰转向部分主动淘汰，以实现节本增效。

多数常见病的发病率控制在较好范围内。根据调研结果，在传染病方面，奶牛场的常见病原监测检疫和常用疫苗免疫等相关措施普遍能落实到位。在常见疾病方面，多数奶牛场能将临床型乳房炎、肢蹄病、临床酮病、产后瘫痪、真胃变位、犊牛呼吸道疾病的全年发病率控制在良好范围内，超过 3/5 的奶牛场都能将月发病率控制在 3% 以内。但隐性乳房炎、子宫炎、胎衣不下、亚临床酮病、犊牛腹泻的月发病率相对较高，尤其是对于处于高温、高湿地区的奶牛场。

对干奶期奶牛已经实施了有效的乳房管理措施。针对干奶期的乳房健康管理，目前国内一些奶牛场尝试"选择性干奶＋乳头封闭剂"方法。调查结果显示，干奶药的使用十分普及，96.2% 的调研奶牛场使用了干奶药，甚至有 78.16% 的奶牛场对全群使用干奶药。而乳头封闭剂的使用尚不普遍，只有 53.49% 的调研奶牛场使用了乳头封闭剂。

4 建议

不断提高科学认知和实践关于奶牛乳房炎揭发和治疗方案的新理念、新技术。近十年来，我国奶牛场的乳房炎综合防控能力显著提高，对乳房炎的认识和治疗方案也逐渐和国际接轨。但国内奶牛场对乳房炎的发生机理、致病菌和挤奶设备与疾病控制的关联性、干奶期乳区感染风险和如何制定有效的、个性化的乳房炎健康管理方案等方面的认知还存在一定的滞后，需要进一步加强理论研究和临床实践，不断将防控的落脚点向前端延伸，以控制隐性乳房炎的发病率和干奶期新发感染的风险[12,13]。

提高奶牛健康和福利水平以延伸奶牛的利用胎次。在现代化、集约化的奶场中，奶牛的淘汰主要由繁殖、消化道、代谢等疾病以及乳房健康状况差、肢蹄病等问题引起[14]，这些因素被广泛认为是动物福利差的信号。奶牛场应重视从遗传育种、繁殖管理、营养、疾病防控相关的各方面提高奶牛福利水平，实施科学的饲养管理技术，注重细节管理，通过多种途径提高高产奶牛的利用年限和终身产奶量，降低奶牛场整体被动淘汰率，以减少经济损失。

疫病监测和疾病防控理念和技术仍需进一步增强。我国奶牛场病原复杂，传染病传入风险持续存在[15]。从调研结果也可以看出，不同产区不同规模的奶牛场对各类疾病的控制程度、防控压力、防控难度还有较大差异。因此，奶牛场要进一步把奶牛健康保健的重点从"治"转向"防"，奶牛场管理者和兽医应提早部署多元化的疾病防治措施，包括严格实行国家动物疫病强制免疫制度，建立本场奶牛疫病监测预警制度、疫病净化制度和多种常见病的综合治疗方案等，降低因疾病产生的治疗费用和难度，助力奶牛场健康、高效、可持续发展。

参考文献

［1］王晶.规模奶牛场卫生保健与疾病防治状况调查报告［J］.中国乳业，2013（8）：14-18.

［2］张巧娥，刘定鑫，刘云翔，等.宁夏中地生态奶牛场奶牛淘汰原因与胎次和月份的关系研究［J］.西南大学学报（自然科学版），2019，41（1）：21-26.

［3］孙艳，周国燕，伍天碧，等.我国奶牛乳房炎近期研究进展［J］.中国乳业，2022（4）：43-51.

［4］李罡.奶牛隐性乳房炎的病因、临床症状、检测方法及中西药防治［J］.中国动物保健，2022，24（12）：36-37.

［5］李延秋，李延春.奶牛热应激的危害及防治［J］.吉林畜牧兽医，2022，43（11）：67-68.

［6］赵凤命，杨治平，图门巴雅尔.奶牛肢蹄病研究进展［J］.中国畜禽种业，2022，18（8）：54-56.

［7］李明.新疆北疆地区规模化奶牛场淘汰繁殖疾病奶牛的原因调查及其分析［D］.石河子：石河子

大学,2018.

[8]薛俊欣.亚临床酮病对奶牛乳房炎发病情况、抗氧化功能和免疫功能的影响[D].南京:南京农业大学,2010.

[9]李诗晴,张鑫,易霞,等.哺乳期犊牛健康管理[J].中国乳业,2021(10):9-18.

[10]纪苏荣,王光伟,卡斯旦,等.犊牛呼吸道混合感染疾病的防治[J].新疆畜牧业,2019,34(4):41-43.

[11]张俊杰.奶牛乳房炎研究进展及国内防治现状思考[J].中国奶牛,2020(7):26-30.

[12]赵兰宁,张婉秋,王永强,等.中国大型奶牛场临床型乳房炎发病特征调查报告[J].中国兽医杂志,2019,55(4):15-19.

[13]王富伟,武乃雯,陈鹏,等.河北省奶牛临床型乳房炎发病特征调查[J].中国兽医杂志,2022,58(7):14-16,20.

[14]JEFF R,ANNE M P,黄鸿威,等.延长奶牛使用年限的重要性[J].中国奶牛,2014(8):49-53.

[15]王丰,张波,周明旭,等.国内外奶牛疫病预警监测技术发展现状[J].中国动物检疫,2020,37(10):80-86.

我国规模奶牛场繁殖性能现状调研报告

《"十四五"奶业竞争力提升行动方案》[1]中提出，要提高奶业生产技术水平，促进奶业转型升级，提升产业竞争力，在奶牛育种方面，则要提升我国奶牛自主育种能力，增强良种的自主供给能力。对奶牛场而言，繁殖育种工作是关系到奶牛场生产指标和盈利情况的关键，该环节的技术水平也是衡量一个奶牛场生产力的重要指标之一，提高繁殖育种工作的水平是提高奶牛场生产效率的重要策略。只有高度重视品种改良，不断提高牛群素质，优化牛群结构，才能为奶牛场的高效运营奠定下良好、坚实的基础。

1 调研内容

为了响应国家提出的种业振兴要求，进一步了解我国规模奶牛场繁殖育种现状，指导奶牛场实际生产和相关政策优化调整，对我国 320 家规模奶牛场开展了繁殖育种现状调研，调研内容包括奶牛品种及来源、冻精使用情况、奶牛利用胎次、关键繁育性能情况、繁殖类疾病的发生和治疗情况、繁育技术的应用情况、相关技术人员从业情况及其他。

1.1 奶牛的品种和来源

目前，国内外奶牛品种趋于一致化，饲养的乳用牛绝大部分是荷斯坦牛。荷斯坦牛比其他品种的奶牛产奶量高，且有很好的适应性。此外，奶牛场常见的饲养品种还包括娟姗、蒙贝利亚和西门塔尔等，来源国包括澳大利亚、新西兰、智利和乌拉圭。本次调研针对我国规模奶牛场的饲养品种情况和牛只进口国情况进行了调查分析。

1.2 冻精来源

目前，奶牛配种主要使用冷冻精液，这种配种方式摆脱了时间和空间的限制，提高了繁育效率，实现了生产成本的控制和降低，也加速了奶牛品种的改良，大大提升了经济效益和奶牛生产指标。本次调研针对我国规模奶牛场的奶牛冻精使用、来源国情况进行了调查分析。

1.3 奶牛利用胎次

提高奶牛场的经济效益，要充分利用奶牛本身的潜力，尽可能利用奶牛的产奶高峰胎次，同时奶牛的利用胎次情况也一定程度上反映了牛群的健康和可持续生产能力。本次调研对我国规模奶牛场的奶牛利用胎次情况进行了统计，并分析其对产奶及经济效益的影响。

1.4 奶牛场关键繁殖性能

重点针对青年牛和成母牛，调查其发情周期、繁殖率、21天怀孕率、配准输精次数、实繁率、平均产犊间隔和因奶牛肥胖造成难产的占比等重点指标进行了调查和分析。

1.5 奶牛繁殖技术的应用

同期发情技术、发情揭发技术和妊娠检查技术是当前我国奶牛场使用较为广泛的繁殖技术，其中同期发情技术包括同期、双同期和预同期三类；发情揭发技术包括人工发情揭发（涂蜡、爬胯观察等）、计步器发情揭发、项圈发情揭发和乳孕酮水平揭发等；妊娠检查技术包括血检、B超检查、手工直肠检查和乳孕酮水平检测等。本次调研针对以上技术的应用情况进行了调查和分析。

1.6 繁殖疾病对奶牛场收益的影响排序

将奶牛常见病分为乳腺疾病、肢蹄病、繁殖类疾病、消化道疾病、代谢性疾病五大类，繁殖类疾病是其中一类。为了对比不同类型疾病对奶牛场收益的影响程度，调研小组让奶牛场负责人根据奶牛场日常生产及管理情况，对以上五类疾病按照影响程度大小选出前四位，并排序，排在第1、2、3、4位分别计4、3、2、1分，并依据比重计算总得分，计算见公式1。

总影响程度得分：　　　　　　$Y=\sum_{i=1}^{k} R_i \frac{X_i}{M_i}$（$k$=1，2，3，4）　　　……公式1

式中，R 为排名得分，i 为排名，M 为总样本数，X 为疾病排名样本数。

1.7 奶牛场死淘率及繁殖疾病对其影响分析

在奶牛养殖向高产稳产方向的发展中，死淘率为25%左右是大部分规模奶牛场日常生产和运营的正常水平。为了解奶牛场的死淘率情况，本调研将死淘率划分为低于5%、5%～10%（含5%）、10%～20%（含10%）、20%～30%（含20%）、大于30%（含30%）5个区间范围进行统计，并对导致死淘的主要原因进行了分析。

1.8　奶牛场繁殖疾病的发病率

胎衣不下和子宫炎是奶牛场中发病率较高的繁殖类疾病。胎衣不下指奶牛分娩后，胎衣在 24 h 以内不能自然脱落的疾病，是奶牛常见的产科疾病之一，发病率较高，该病若处治不当易继发子宫感染等多种疾病。不少奶牛因胎衣不下造成不孕而被淘汰，重度的可引起败血病，造成病牛死亡。子宫炎是子宫黏膜的炎症，是常见的母畜生殖器官疾病，是导致奶牛不育和流产的重要原因之一。本次调研重点对以上两种疾病的发病率、发病规律进行统计，按照正态分布将发病率分为低于 3%、3%～5%（含 3%）、5%～10%（含 5%）、大于 10%（含 10%）4 个等级，分别代表了较好、好、一般、较差水平，并咨询相关人员了解其致病原因。

1.9　奶牛场中与繁殖工作相关的人员情况

本次调研调查了奶牛场中负责繁殖工作人员的从业情况，包括人数、人均工资、学历和年龄情况等。

2　结果与分析

2.1　奶牛的品种和来源

本次调研奶牛场的奶牛品种均以荷斯坦牛为主，饲养比例达到 100%，此外，其中有 29 家饲养娟姗牛（占比 9.0%），19 家饲养蒙贝利亚牛（占比 5.9%），26 家饲养西门塔尔牛（占比 8.1%）。相较于 2017 年《中国乳业》的调研结果，养殖蒙贝利亚、西门塔尔等乳肉兼用牛的奶牛场明显增加。在调研采访中，养殖乳肉兼用牛的奶牛场负责人表示，相比于纯乳用牛，饲养乳肉兼用牛是一种比较经济的经营模式，既产奶又产肉，既抗病又耐粗饲料，既能降本又能增效，在当前全球奶业形势受到挑战的阶段，选择饲养乳肉兼用牛，能够一定程度上增加对抗市场风险的能力。因此，这种模式越来越受到国内奶牛场的关注和欢迎[2]。

从牛来源的分析结果看，超过 66.88% 的奶牛场以自繁自养为主，13.13% 的奶牛场从国外引进，7.19% 的奶牛场从国内其他奶牛场购买，其余 12.8% 的奶牛场，奶牛来源于多种形式的组合（图 1）。

其中，进口牛的主要来源国包括澳大利亚、新西兰、智利和乌拉圭，其中 58.5% 的奶牛场选择来自澳大利亚的进口牛，26.8% 的奶牛场选择来自新西兰的进口牛，8.5% 的奶牛场选择来自智利的进口牛（图 2）。在调研采访中，奶牛场表示，选择进口牛来源国最看重的因素是该地区奶牛的生产性能、产奶性能和体型指标等。

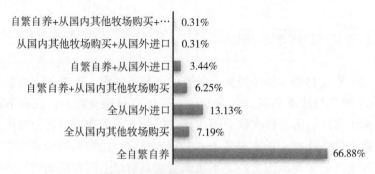

图 1　全国规模奶牛场奶牛来源情况

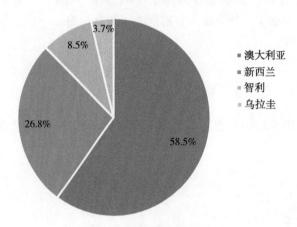

图 2　进口牛来源国占比

2.2　冻精来源

从各奶牛场使用冻精的情况来看，全部使用国产冻精的奶牛场仅占18.89%，49.63%的奶牛场全部使用进口冻精，可见，当前进口冻精在我国市场的占比远超过国产冻精（图3）。

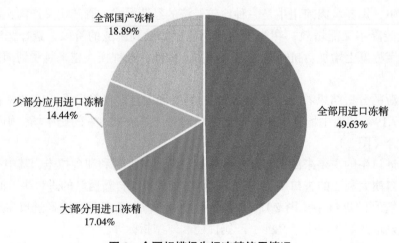

图 3　全国规模奶牛场冻精使用情况

在使用策略方面，超过 72.5% 的奶牛场选择在青年牛首配时使用性控冻精，经产牛使用普通冻精。在调研采访中了解到，在奶牛场生产成本日益高涨的情况下，这种冻精使用策略是相对经济的，既可以节约成本，也能提高牛群的繁殖效率。

胚胎移植是提高动物繁殖力的一种有效方法。近年来，该项技术在我国快速发展并逐渐完善，胚胎移植对提高奶牛繁殖潜力、发挥优秀种子母牛的优秀基因和遗传潜力、快速扩大良种种群、加快品种改良具有重要的意义[3]。但在本次调研中，仅有不到 5% 的奶牛场使用过胚胎移植技术，普及度并不高，分析原因有可能是因为胚胎移植的技术要求较高且投入成本较大。如果有更多的奶牛场想要尝试该项技术，建议可以与专业的技术公司合作。

2.3 利用胎次

奶牛的长寿性与奶牛场的经济效益息息相关，奶牛生产寿命越长，终生产奶量越高，才能够弥补其在后备牛阶段的饲养成本，从而提高养殖收益。在实际生产中，奶牛最高产奶量通常出现在第 4 ~ 7 个泌乳期，传统意义上通常认为奶牛在达到 3 个泌乳期以上时，能获得更高的终生效益，但受市场因素影响，经营者往往追求短期养殖回报，实现资金快速回笼[4]。当前，我国奶牛场成母牛平均利用胎次 2.3 ~ 2.5 胎。本次调研中，奶牛场全群平均利用胎次为 3.49 胎，成母牛在群平均胎次为 2.71 胎（图 4）。

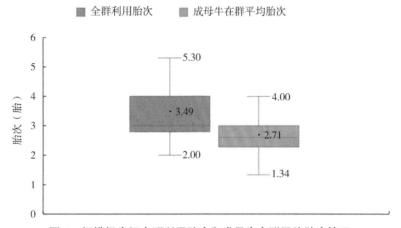

图 4　规模奶牛场全群利用胎次和成母牛在群平均胎次情况

2.4 奶牛关键繁殖性能

2.4.1 成母牛关键繁殖性能

奶牛的发情周期直接关系到其繁殖和生产能力，如果奶牛出现发情异常的情况，会严重影响奶牛的繁殖能力，导致奶牛产奶量下降，给奶牛场造成较大的经济损失。本次调研，针对奶牛的无明显发情表现的情况进行了统计，其中，约 43.13% 的奶牛场无发情表现的奶牛占全群的比例不到10%，约24%的奶牛场该比例为10%～20%，超过20%的奶牛场该比例为22%左右（图5）。通常情况下，对于无明显发情表现的奶牛可以使用定时输精技术为其进行配种，本次调研中，约87%的奶牛场可以做到对无明显发情表现的奶牛及时输精。

21天怀孕率是应配种牛只在可配种的21天发情周期内最终配种成功的比例，成母牛繁殖率是奶牛场年内成母牛实繁数占成母牛平均饲养头数的比例。本次调研的奶牛场中，成母牛的年平均21天怀孕率为29.83%（图6a），成母牛配种输精次数为2.22次（图6b），平均实繁率为65.61%（图6c），平均产犊间隔为395.84天（图6d）。

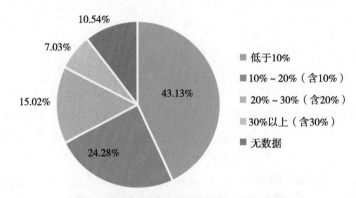

图5　规模奶牛场无发情表现奶牛的占比情况

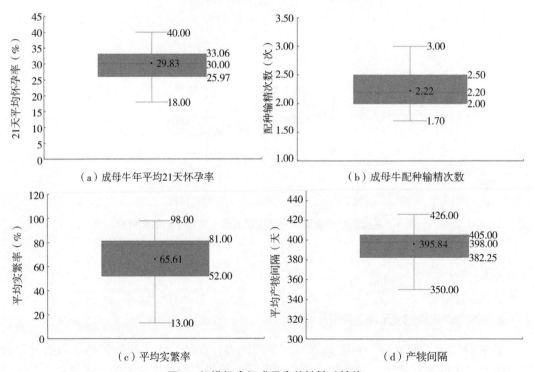

图6　规模奶牛场成母牛关键繁殖性能

在调研的奶牛场中，大约283家奶牛场记录了场内因奶牛肥胖造成难产的发生情况，统计结果显示，88.34%的奶牛场因奶牛肥胖造成难产的发生比例小于10%，仅有10.25%的奶牛场该比例在10%～20%（图7）。

2.4.2 青年牛关键繁殖性能

奶牛场青年牛平均首配日龄可以反映出奶牛场后备牛饲养情况以及首次配种策略，本次调研中，320家奶牛场的青年牛平均首配日龄为412.07天（图8a），青年牛配准输精次数为1.54次（图8b），青年牛的全年平均21天怀孕率为42.93%（图8c）。

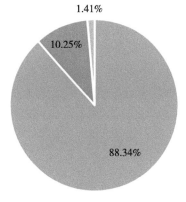

图7 全国规模奶牛场中因奶牛肥胖造成难产的情况

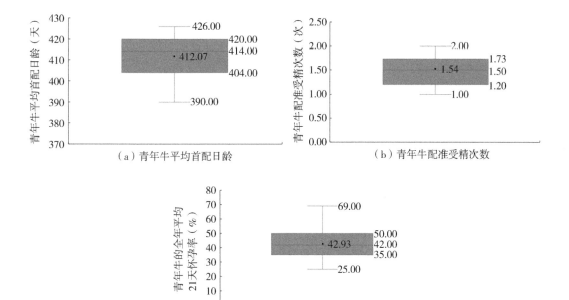

（a）青年牛平均首配日龄

（b）青年牛配准受精次数

（c）青年牛的全年平均21天怀孕率

图8 规模奶牛场青年牛关键繁殖性能

2.5 奶牛场繁殖技术的应用

2.5.1 同期发情技术

奶牛同期发情技术是在集约化养殖过程中使用比较频繁的一种繁育技术，该技术可将牛群的发情、配种、妊娠、分娩调整到一定时间内同时进行。采用此技术的优点是可以将同时出生的犊牛进行统一管理，哺乳期统一培育，集中精力大规模做好犊牛、育成牛的科学饲养管理。本次调研的奶牛场中，约有95%的奶牛场使用同期排卵－定时输精技术，在这些奶牛场中，48.40%的奶牛场使用双同期技术，36.30%的奶牛场使用预同期技术，

15.30% 的奶牛场使用同期发情技术（图 9）。在使用同期技术的奶牛场中，75% 以上的相关岗位人员认为，使用该项技术并不会显著增加奶牛场的工作量。

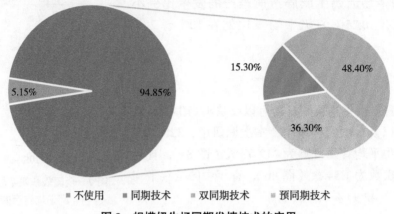

■ 不使用　■ 同期技术　■ 双同期技术　■ 预同期技术

图 9　规模奶牛场同期发情技术的应用

2.5.2　发情揭发技术

发情监测与揭发对于奶牛场而言是一项需要技术和经验的工作。发情揭发不及时、不准确是许多奶牛场共同存在的问题。目前，较为常见的发情揭发技术包括人工发情揭发（涂蜡、爬胯观察等）、计步器发情揭发、项圈发情揭发和乳孕酮水平揭发等。本次调研中，31.25% 的奶牛场使用人工发情揭发（涂蜡、爬胯观察等），30.94% 的奶牛场使用人工和计步器发情揭发相结合的方式，27.19% 的奶牛场使用人工和项圈发情揭发相结合的方式（图 10）。据调研的奶牛场介绍，使用项圈或计步器监测发情可完全替代尾根涂蜡，可通过分析脚环式计步器或项圈式计步器收集活动量数据，判断奶牛是否发情，其发情揭发率 >98%，可以完全替代尾根涂蜡。

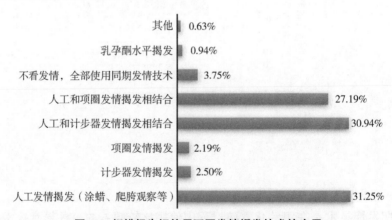

图 10　规模奶牛场使用不同发情揭发技术的应用

2.5.3　妊娠检查技术

妊娠检查关键在早期进行，一般指配种后 20～40 天进行的妊娠检查，它对减少空怀、做好保胎、提高繁殖率具有十分重要的意义。本次调研结果显示，约 65% 的妊娠检查技术是在配后 30 ～ 35 天进行 B 超检查，B 超检查法准确度高，但是仪器较贵、检查速度相对较慢；约 18% 的奶牛场在配后 40 天＋进行手工直肠检查，直肠检查法是判断是否妊娠和妊娠时间长短最常用且可靠的方法，其诊断依据是妊娠后奶牛生殖器官的一些变化。在诊断时，对这些变化要随妊娠时期的不同而有所侧重，且需要专业的技术人员才能完成；约 17% 的奶牛场在配后 28 天进行血检，通过激素水平判断奶牛是否妊娠，但采血通常不太容易操作；仅有约 1% 的奶牛场通过用放射免疫和酶免疫法检测乳孕酮水平来判断奶牛是否妊娠，奶牛妊娠后血及乳中孕酮含量明显增高，该方法检测虽然结果精确，但需送专门实验室测定，相比于在奶牛场内就能完成的检测方式，这种方式的检测周期相对较长，目前市面上有部分能自主检测乳孕酮的试纸，但推广适用范围尚小，检测准确性没有被准确评估（图 11）。

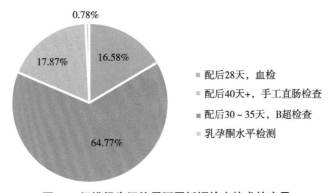

图 11　规模奶牛场使用不同妊娠检查技术的应用

2.6　繁殖疾病对奶牛场收益和奶牛死淘率的影响

调研结果显示，五大类疾病对奶牛场收益的影响按从重到轻依次为乳房炎、肢蹄病、繁殖疾病、消化系统疾病、代谢性疾病（表 1）。其中，繁殖疾病的影响程度居中。

表 1　5 种常见病对奶牛场收益的影响程度分析

项目	乳房炎	肢蹄病	繁殖疾病	消化系统疾病	代谢性疾病
第 1 位（计 4 分）	34%	30%	19%	15%	12%
第 2 位（计 3 分）	23%	27%	23%	18%	13%
第 3 位（计 2 分）	22%	15%	26%	20%	13%
第 4 位（计 1 分）	10%	17%	19%	32%	23%
第 5 位（计 0 分）	11%	11%	13%	15%	40%
得分	2.61	2.51	2.01	1.97	1.36

注：表中百分比表示在调研牧场中，认为该类疾病对应相应排名的占比。

奶牛场的淘汰一般有2种形式，一种是被动淘汰，即奶牛患有治疗成本较高的疾病或其他较严重的疾病而被淘汰；另一种是主动淘汰，即因各种原因导致的产奶量下降致使奶牛的饲养利润达不到边际利润而被淘汰。所以，牛群死淘率高，也可能意味着主动淘汰占比高，侧面也反映了奶牛场以养殖效益为重、加速牛群更新的现象。本次调研结果显示，死淘率为20%～30%的奶牛场占比最高，为32.30%（图12）。

本次调研将不同疾病导致的死亡淘汰情况进行了分析和比较，结果显示，繁殖疾病是造成奶牛死淘率最高的因素，占比达到51%（图13），

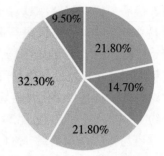

图12 规模奶牛场的死淘率情况

繁殖疾病更易增加治疗成本或导致奶牛失去繁育能力，奶牛场进行全面评估后，如果发现奶牛饲养价值变小，一经发现就会及时淘汰，变被动淘汰为主动淘汰。

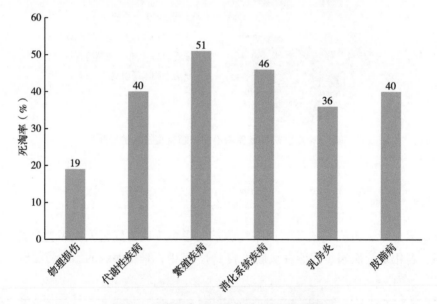

图13 规模奶牛场不同类型疾病的死淘率

2.7 奶牛场繁殖疾病的发生和治疗情况

本次调研统计了奶牛场子宫炎和胎衣不下的发病情况，关于子宫炎，45.50%的奶牛场发病率低于3%，18.80%的奶牛场发病率在3%～5%（含3%），21.60%的奶牛场发病率在5%～10%（含5%），14.10%的奶牛场发病率大于10%（含10%）（图14）；关于胎衣不下，51.20%的奶牛场发病率低于3%，15.20%的奶牛场发病率在3%～5%（含3%），21.50%的奶牛场发病率在5%～10%（含5%），11.70%的奶牛场发病率大于10%（含

10%）（图15）。约85%的奶牛场都能将子宫炎发病率和胎衣不下发病率控制在10%以内，但高发病率的奶牛场也普遍存在。繁殖疾病全年四季多发，尤以春夏季为主，主要在成母牛身上高发，经产牛和高产牛尤其高发。

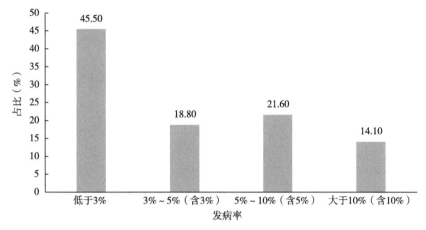

图14 全国规模奶牛场子宫炎发病的情况

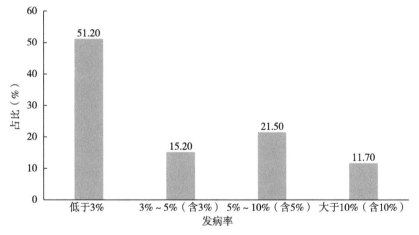

图15 规模奶牛场胎衣不下的发病情况

2.8 奶牛场中与繁殖工作相关的人员情况

育种工作是奶牛场的基础和关键，牛场育种工作做得好，牛场的效益就好，长远发展也会好，因此，配种员的工作在奶牛场中十分关键，关系到牛场的经济效益情况。在调研的奶牛场中，2022年平均每场配备了3.43名配种员，4/5以上的人员为专职人员，一些奶牛场的兽医师也兼做配种员的工作。调研结果显示，配种员人均负责育成牛157.72头。配种员的人均月工资为8962.41元，是除了场长之外，工资最高的一个工种，配种员的工作对专业、经验的要求很高，对身体素质也有一定要求，因此，在配种员中，大专以上学历人员的比例为64.75%，是牛场中学历要求比较高的一个工种；50岁以上人员的比例为11.31%。

3 结论

规模牧场奶牛以自繁自育为主，进口冷冻精液应用占比高于国产冷冻精液，胚胎移植技术使用仍不广泛。 本次调研发现，国内奶牛场饲养乳肉兼用牛的比例越来越高，尤其是西门塔尔牛和蒙贝利亚牛是两种较受欢迎的乳肉家用牛品种。在牛群来源方面，超过66%的奶牛场是通过自繁自育的方式扩群，但在使用的遗传物质（冻精）方面，还是以进口冻精为主。我国荷斯坦奶牛每年冻精需求量超过800万剂，但七成冻精来自国外进口。业内人士表示，我国奶牛育种技术已与奶业发达国家实现并跑，但在后代生产性能、基因检测芯片、性控专利技术、奶牛育种资源群等方面仍存在短板[5]。胚胎移植是提高动物繁殖力的一种有效方法，可以让母牛生产更多的后代，比一年一次的自然分娩更能发挥优秀种子母牛的优势基因[6]，但本次调研结果显示，目前国内奶牛场胚胎移植技术的覆盖率并不高。

较大比例的规模奶牛场通过繁殖技术的应用，提高奶牛场繁殖工作效率。 规模奶牛场应建立科学健全的繁殖工作流程，并且规范地利用奶牛繁殖育种技术。在本次调研的牧场中，95%的奶牛场使用同期排卵–定时输精技术，其中双同期发情技术是目前使用最为广泛的技术，此外人工发情揭发、计步器发情揭发和项圈发情揭发是奶牛场使用最多的发情揭发技术，通过血检、B超检查和直肠检查确认妊娠也在不同的牧场中推广使用。科学规范地将奶牛繁殖技术在牧场中推广应用，并结合生产实际不断优化各项繁殖工作内容，是切实提高规模化奶牛场繁殖管理水平的关键。

繁殖疾病是影响牧场收益和导致奶牛高死淘率的主要原因之一。 奶牛场的生产水平和养殖效益与繁殖性能密切相关，随着规模化水平的提高和单体存栏的增大，高效、高盈利成为了奶牛场的主要目标。目前，在奶牛养殖过程中普遍存在的问题是奶牛的泌乳水平在逐步提高，但繁殖力反而有所下降，因此缩短了奶牛的繁殖寿命。特别是繁殖疾病，本次调研显示，51%的奶牛场认为繁殖疾病是造成奶牛死淘率最重要的因素之一。而为了保证牧场的投入产出比最大化，在奶牛发生繁殖疾病时，奶牛场加大了繁殖疾病引发的淘汰力度，从被动淘汰转向部分主动淘汰，以实现节本增效。

4 建议

奶牛的生产性能直接影响奶牛的产奶量和牧场的生产效益，因此牧场应该根据自身的饲养目标，科学挑选奶牛，选择符合牧场发展的奶牛品种[7]。

规模奶牛场应建立统一、科学、健全的繁殖管理流程，细化和严格执行奶牛繁殖技术操作规程，合理组织牛群结构，建立繁殖牛电子档案，详细记录每头奶牛的发情、配种、妊娠、分娩规律及状态，严格执行奶牛繁殖技术操作规程，做到及早揭发、适时配种、安全保胎，对发情异常、空怀、流产等问题奶牛重点监测，做好有效的检查治疗及淘汰[8]。同时，提高奶牛的繁殖性能并不能仅关注繁殖这一项工作，应该全面注重强化营养饲喂、优化奶牛饲养环境，提高牛只免疫力和舒适度，并关注防暑保暖、奶牛挤奶区管理、卧床休息区管理、牛体按摩、蚊蝇控制、降噪及废弃物处理等细节管理，从而充分发挥高效繁殖性能，降低繁殖疾病的发病率[9]。

此外，建议牧场善于利用现代繁殖技术，包括同期发情技术、鉴定检查、人工授精、繁殖控制、胚胎移植、配子与胚胎生物技术等，此次提高牧场的繁殖效率、缩短繁殖周期等[10]。

奶牛繁殖育种领域的高质量发展离不开科技支撑，同时也离不开配套人才队伍的壮大和发展。从调研结果可以看出，配种员、繁殖技术员等是奶牛场中非常重要的技术岗位，促进行业发展的各个部门和角色都应该发挥应有的作用。一是高校应该重视学生的专业技能培养，加强理论与实践相结合的教学模式，培养实用型人才；二是行业也应该重视相应岗位的培养与交流，提高从业人员的专业技能，丰富其从业经验，无论是企业、行业组织还是政府部门，都应当加大对相关在岗人员的培训和再教育，并给予相应的政策引导和支持，加强院校与养殖企业和奶牛场的联动，促进先进技术的落地和应用；三是奶牛场应该重视建立员工的激励制度，给员工带来职业荣誉感，建立绩效工资制度，按劳分配，让干得多的人和愿意干的人得到丰厚的报酬；多为员工提供交流学习的机会，与行业内的其他养殖场加强交流，互相学习，可以让员工的理论水平和技术水平得到提高，开阔视野的同时，也可以让员工从枯燥的牛场生活中得到释放，提升人员的幸福度，为牧场留住可用的人才[11]。

参考文献

[1] 农业农村部. 农业农村部关于印发《"十四五"奶业竞争力提升行动方案》的通知 [J]. 中华人民共和国农业农村部公报, 2022(4): 25-28.

[2] 邵海鹏. 乳业长期向好基本面没有改变 业内: 培育乳肉兼用牛具有战略意义 [N]. 第一财经日报, 2023-02-24(A02).

[3] 李亚军. 提高奶牛胚胎移植成功率的技术要点 [J]. 畜牧兽医科技信息, 2021(9): 94.

[4] 邹杨, 刘林, 廖艳丽, 等. 北京及周边地区奶牛长寿性变化趋势与规律分析 [J]. 中国奶牛, 2023(1): 14-17.

[5] 张胜利, 孙东晓. 奶牛种业的昨天、今天和明天 [J]. 中国乳业, 2021(6): 3-10.

[6] 薛洁, 刘文浩, 吕湾, 等. 奶牛胚胎移植技术研究进展 [J]. 中国奶牛, 2018(9): 22-27.

[7] 索朗曲吉, 李斌, 赵丽, 等. 奶牛繁殖技术及饲养管理 [J]. 畜牧兽医科学(电子版), 2019(16): 96-97.

[8] 陈军胜. 规模化奶牛场母牛的繁殖管理 [J]. 现代畜牧科技, 2022, 91(12): 70-73.

[9] 徐伟, 董飞, 张赛赛, 等. 2020年国内18省份不同月份奶牛繁殖和产奶性能表现研究 [J]. 中国

乳业, 2021（7）: 32-38.

[10] 桑润滋, 麻柱, 李俊杰, 等. 我国奶牛繁殖技术研究进展[C]// 中国奶业协会. 第七届中国奶业大会论文集. 北京:《中国奶牛》编辑部, 2016.

[11] 王礤礤, 邵大富, 张超, 等. 中国奶牛养殖业人力资源现状、存在问题及措施建议[J]. 黑龙江畜牧兽医, 2020（14）: 12-17.

我国规模奶牛场粪污处理现状调研报告

奶业是节粮、高效、产业关联度高的产业。奶业平稳健康发展对于改善居民膳食结构、促进农村产业结构调整和城乡协调发展、为农民增收提供新的增长点、带动相关产业发展等具有重要意义。改革开放以来，我国奶业取得长足进步，规模化水平持续提高，奶类总产量已经跃居全球第四位[1]。生产方面，奶牛场规模化程度的提高促进了机械化、自动化和数字化管理水平的提升，牛奶产量稳步增长，牛奶品质显著提升[1]。据国家统计局数据，2022 年我国奶牛存栏量为 1160.1 万头，生鲜乳产量为 3931.6 万吨，较 2021 年增长 6.8%。100 头以上的奶牛养殖规模化水平已达到 73%。但同时，规模奶牛场粪尿、污水排放量大，已成为奶牛养殖业健康和可持续发展的瓶颈。自 2014 年 1 月 14 日起，我国开始实施《畜禽规模养殖污染防治条例》，对奶牛场粪便管理和利用提出了更高要求，随着政策法规的不断完善，我国奶牛场粪污资源化利用水平不断提高，为进一步了解当前我国奶牛养殖粪污处理现状，《中国乳业》编辑部于 2022 年 6—10 月对我国 23 个省（区、市）320 个规模奶牛场开展了奶牛养殖粪污处理情况调研，并根据调研情况对当前奶牛养殖生产中粪污处理设施设备的利用情况等进行分析，为相关政策优化调整提供现实依据。

1 样本基本情况

调研奶牛场中 1001 ～ 3000 头存栏规模占比最高，为 36.6%，其次为 500 ～ 1000 头（26.6%）、3000 头以上（21.6%）、500 头以下（15.3%）。按存栏奶牛数量统计，3000 头以上规模奶牛场平均存栏量更多，平均总存栏量为 7109 头，500 头以下规模奶牛场平均存栏量为 364 头。规模越大，奶牛场奶牛平均单产越高，3000 头以上奶牛场平均单产为 10.37 吨，较 500 头以下奶牛场高 12.7%（图 1）。

私营奶牛场占比较高，国营奶牛场平均存栏更高。根据随机调研样本统计，私营性质奶牛场数量占比最高，达到 50.9%，合资性质奶牛场占比最低，为 4.7%，国营性质占比为 15.0%，集体性质占比为 8.2%；国营性质奶牛场平均存栏更高，为 4857 头，私营性质平均存栏为 2111 头（图 2）。

---

1 根据联合国粮食及农业组织（FAO）报告显示，2020 年，全球奶产量 8.6 亿吨，同比增长 1.5%。其中，中国奶产量增长，排位升至全球第 4，奶产量前 3 位的国家是印度、美国、巴基斯坦。

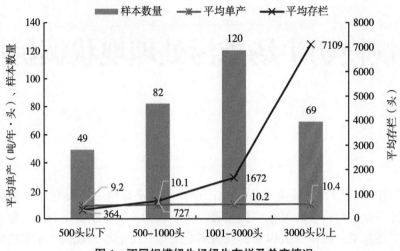

图 1　不同规模奶牛场奶牛存栏及单产情况

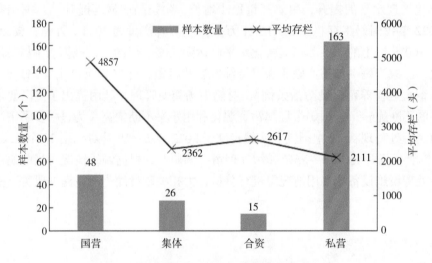

图 2　不同性质奶牛场样本数量和平均存栏情况

奶牛场规模越大，其负责人文化程度越高。总的来看（图 3），1000 头以下奶牛场中负责人文化程度主要为高中或中专及以下水平，占比为 57.7%；1000 头以上奶牛场中负责人文化程度主要为专科或本科及以上学历，占比为 69.5%，且随着规模增大，硕士、博士文化程度负责人越来越多，管理水平越来越好，奶牛场生产水平更高。

各规模奶牛场负责人的平均年龄在 30～60 岁，30 岁以下与 60 岁以上所占比例仅为 5.9%。总体上，随着养殖规模扩大，负责人的年龄有相对年轻化的趋势，3000 头以下各规模奶牛场中均以 40～50 岁所占比例最高（40.4%）；30～40 岁占全部样本场的比例为 22.8%，其中以 3000 头以上规模中所占比例最高（57.1%）；50～60 岁占比为 29.5%，且随着养殖规模的扩大，其所占比例不断降低（图 4）。

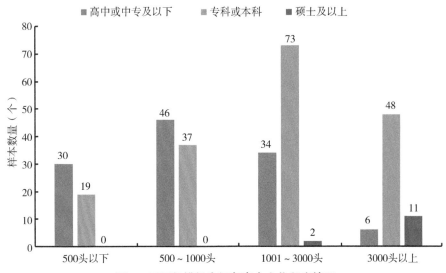

图3 不同规模奶牛场负责人文化程度情况

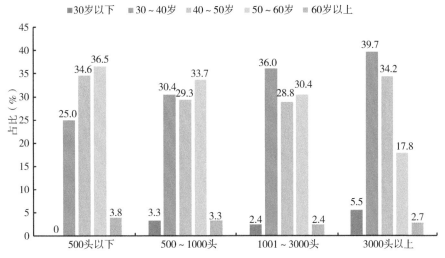

图4 不同规模奶牛场负责人年龄分布情况

2 粪污处理现状分析

2.1 清粪方式与设施

清粪方式，从不同地区来看，机械刮板清粪、铲车清粪和吸粪车清粪是舍内清粪的主要方式，不同地区略有差异。东北地区主要以机械刮板清粪和吸粪车清粪为主，占比超过70%，华北地区、西北地区和南方地区主要以机械刮板清粪和铲车清粪为主，平均占比达到 80%。人工清粪和水冲粪方式应用较少，尤其是水冲清粪，仅有南方地区部分奶牛场使用，占比为 2.4%，主要是因为该产区水资源丰富，成本较低[2]（图 5）。

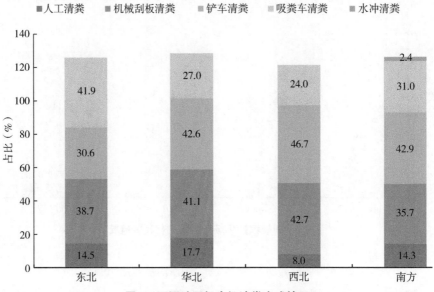

图 5　不同地区奶牛场清粪方式情况

从不同规模来看，随着规模扩大，机械刮板清粪、铲车清粪和吸粪车清粪占比越高，3000 头以上规模奶牛场使用机械刮板清粪、铲车清粪和吸粪车清粪占比分别为 39.1%、42.0% 和 33.3%，500 头以下奶牛占比分别为 30.6%、36.9% 和 28.6%，可见，随着养殖规模的增加，机械配套比例有明显增加趋势。人工清粪和水冲清粪所占比例随养殖规模增加明显下降，3000 头以上规模奶牛场均不采用水冲清粪（图 6）。

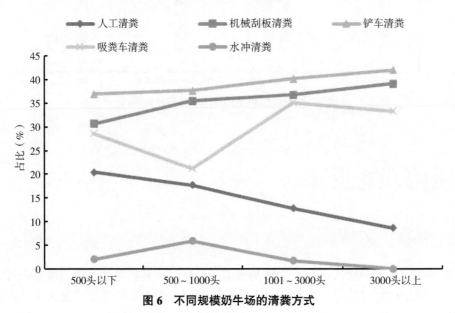

图 6　不同规模奶牛场的清粪方式

清粪设施使用，从不同地区来看，各地区都以固液分离机为主，且东北地区使用比例最高，为77.4%；其次是清粪机，华北地区使用比例较高，为64.5%；抛翻机和发酵罐使用比例最低（图7）。

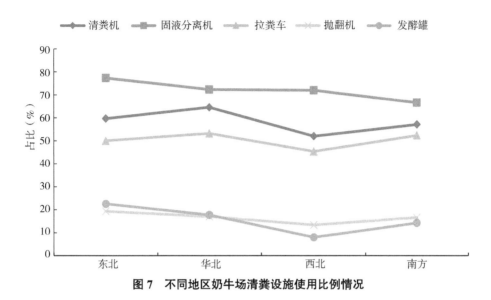

图7 不同地区奶牛场清粪设施使用比例情况

从不同规模来看，规模越大，固液分离机、清粪机和拉粪车使用比例越高，3000头以上奶牛养殖使用固液分离机、清粪机和拉粪车比例分别为78.3%、72.2%和59.3%，明显高于500头以下奶牛场使用比例（图8）。

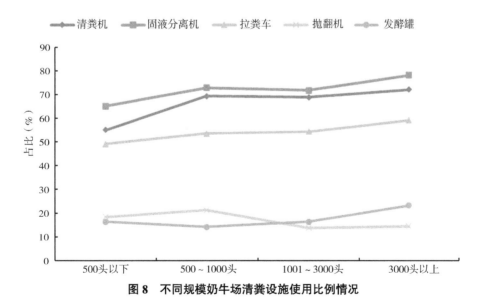

图8 不同规模奶牛场清粪设施使用比例情况

2.2 粪污处理工艺

污水处理，从不同地区来看，污水处理主要以氧化塘（42.9%）和沉淀池干湿分离（37.3%）为主。南方地区受土地资源紧缺限制，污水处理方式选择更少，氧化塘和沉淀池干湿分离使用比例更高，分别为47.6%和40.5%，且场区循环利用和第三方处理比例也高，分别达到21.4%和11.9%，而东北地区和西北地区除了较多采用氧化塘和沉淀池干湿分离外，由于其土地资源丰富，还田利用比重也相对较高[3,4]，分别为25.8%和20.0%（图9）。

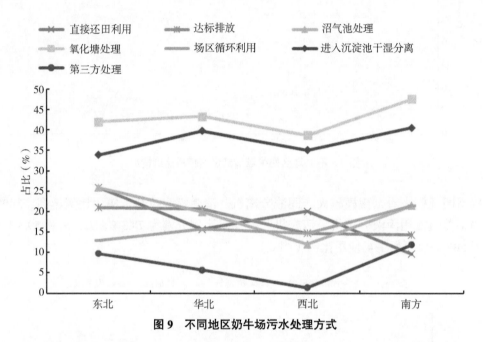

图 9 不同地区奶牛场污水处理方式

从不同规模来看，规模越大，氧化塘和沉淀池干湿分离使用比例降低，主要是因为规模太大，产生污水量更大，需要的氧化塘或沉淀池的数量越多，将大大提高奶牛场的用地成本，且氧化塘处理周期长，难以满足日污水增加量，因此，规模越大，奶牛场采用第三方处理的比例不断提高，以缓解巨大污水处理压力。1000头以下规模奶牛场采用氧化塘和沉淀池干湿分离的比例明显较高，分别为47.0%和39.7%，能在一定成本范围内处理奶牛场的污水（图10）。

固体粪便处理主要以堆肥发酵（47.2%）和生产卧床垫料（38.3%）为主，其次为第三方处理（21.4%）和卖给周边农户（18.1%）。从不同地区来看，东北地区粪便生产卧床垫料的比重高于堆肥发酵，主要由于该地区雨水少，天气干燥，有利于生产卧床垫料，华北地区、西北地区和南方地区堆肥发酵的比重明显高于生产卧床垫料，由于自然堆放会造成一定的环境污染，比重较小（图11）。

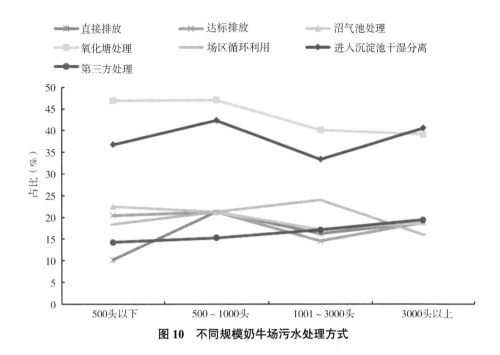

图10 不同规模奶牛场污水处理方式

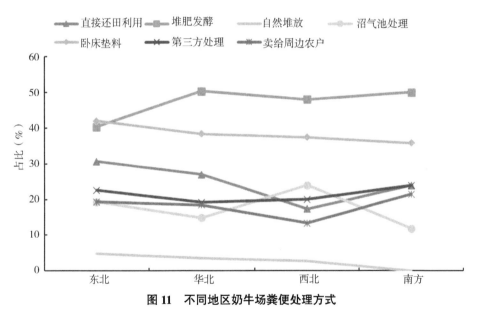

图11 不同地区奶牛场粪便处理方式

从不同规模来看，500头以下规模奶牛场粪便处理更加多样化，以堆肥发酵（34.7%）、生产卧床垫料（40.8%）和直接还田利用（32.7%）为主；500～3000头规模奶牛场粪便处理以堆肥发酵为主，平均占比为50.7%，其次是生产卧床垫料，平均占比为32.7%；3000头以上规模奶牛场粪便主要用来生产卧床垫料，占比达到52.2%，这种方式在降低成本的同时，更大程度上缓解了粪便处理压力（图12）。

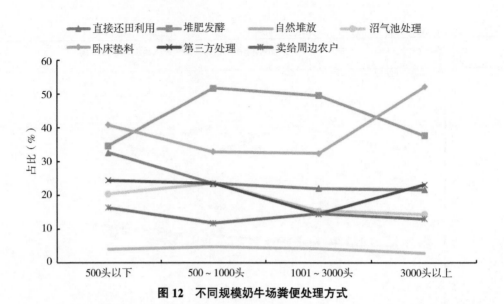

图12　不同规模奶牛场粪便处理方式

生产卧床垫料是奶牛场固体粪便的一种重要处理方式。一般来讲，奶牛场会选择沙子、牛粪或橡胶垫作为卧床垫料，其中沙子和牛粪使用比例较高，分别为44.6%和48.4%，橡胶垫料使用比重仅为9.3%。但规模和地区不同，奶牛场卧床垫料种类具有差异。

从不同地区来看，东北地区和西北地区选择沙子作为卧床垫料的比重更高，分别为55.7%和62.5%，主要是这两个地区沙子资源丰富，较易获取。华北地区和南方地区选择牛粪作为卧床垫料的比重更高，分别为59.7%和58.1%。相比其他垫料，牛粪作为卧床垫料不仅能解决粪污处理问题，而且减少了垫料成本支出。同时，南方地区选择橡胶作为垫料的比重也较高，因为牛粪重复利用较为困难，不能满足奶牛场垫料需求，而除了牛粪，橡胶垫的成本更低（图13）。

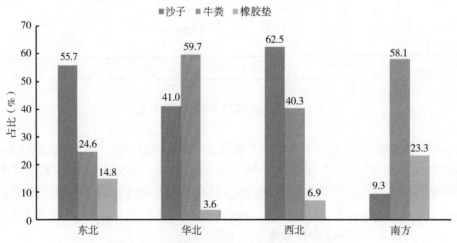

图13　不同地区奶牛场卧床垫料类型差异情况

从不同规模来看，规模越大，奶牛场使用沙子作为卧床垫料的比重越低，主要是因为沙子作为卧床垫料对机器、设备的损伤较大，而随着规模的提升，奶牛场设备投入越多，从而使用沙子作为垫料的意愿越低。相反，规模越大，粪便产生量越大，环保压力越大，从而使用牛粪作为卧床垫料的收益更高，3000头以上规模奶牛场使用牛粪作为卧床垫料的比例达到60.7%（图14）。

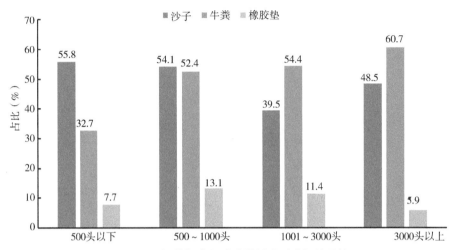

图14 不同规模奶牛场卧床垫料类型选择差异情况

2.3 粪污处理设备补贴情况

粪污设备购买补贴是促进粪污有效处理的关键措施。本次调研了近5年奶牛场享受的粪污处理设备购买补贴情况，补贴越高反映了奶牛场粪污处理设备投入越高。不同地区来看，南方地区奶牛场粪污设备购买补贴高于其他地区，平均为366.7万元，表明，南方地区粪污处理设备投入更高，粪污处理压力更大（图15）。

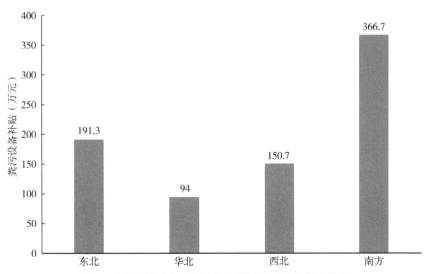

图15 不同地区近5年奶牛场粪污处理设备补贴情况

从不同规模来看，规模越大，粪污处理设备投入越高，3000头以上奶牛场粪污处理设备购买补贴远高于其他规模类型奶牛场，平均为324万元，也反映出规模越大，奶牛场粪污处理压力越大，粪污处理设备投入越高（图16）。

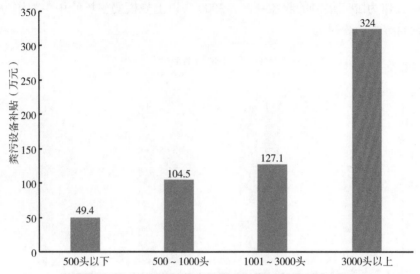

图16　不同规模奶牛场近5年粪污资源化设备补贴情况

2.4　粪污处理技术使用对环境和养殖成本的影响

根据调研数据，79.4%的奶牛场认为，采用粪污处理技术能够改善农村人居环境，其中，36.9%的奶牛场认为该行为对环境影响很大。但同时也有超过20%的奶牛场认为采用该技术对改善环境的作用一般或不大。从不同规模来看，90%的大规模（3000头以上）奶牛场认为粪污处理技术能改善人居环境，仅有10.1%的大规模（3000头以上）奶牛场认为影响不大；71.3%的适度规模（100～3000头）奶牛场认为粪污处理技术能改善人居环境，28.8%的适度规模（100～3000头）奶牛场认为没影响（图17）。

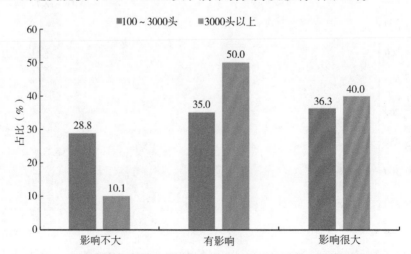

图17　不同规模奶牛场粪污处理技术采用对改善农村人居环境的影响

调研数据表明，81%的奶牛场认为粪污处理技术会增加运营成本，仅有19%的奶牛场认为粪污处理技术采纳对运营成本影响不大。从不同规模来看，98%的大规模（3000头以上）奶牛场认为粪污处理技术会增加运营成本，仅有2%的大规模（3000头以上）奶牛场认为不会增加运营成本；而26.9%的适度规模（100～3000头）奶牛场认为粪污处理技术不会增加运营成本，对于适度规模（100～3000头）来讲，粪污资源化利用不仅能解决粪污排放问题，而且通过还田、生产卧床垫料等减少了成本投入，实现良性循环（图18）。

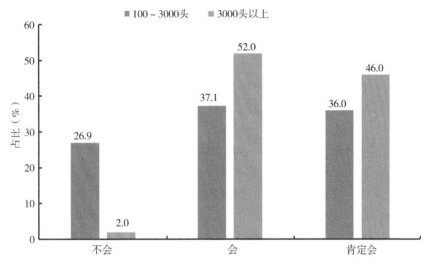

图18 不同规模奶牛场粪污处理技术使用对奶牛场运营成本的影响

3 结论

奶牛养殖从业者水平不齐。根据调研结果，当前奶牛养殖从业者（负责人）以40岁以上为主，其中40～60岁的比例超过60%。负责人的学历结构上也呈现类似的特点，1000头以下规模奶牛场中，负责人学历在初中及以下的比例占比高，而在所调研的全部样本场中，负责人具有硕士及以上学历的比例仅有2.6%。调研结果反映出当前奶牛养殖从业者的年龄结构和文化水平与养殖规模呈现较为明显的相关性。

机械刮板清粪、铲车清粪和吸粪车清粪是舍内清粪的主要方式，固液分离机使用比例最高。东北地区主要以机械刮板清粪和吸粪车清粪为主，占比超过70%，华北地区、西北地区和南方地区主要以机械刮板清粪和铲车清粪为主，平均占比达到80%。东北地区使用固液分离机比例最高，为77.4%，华北地区使用清粪机比例较高，为64.5%，抛翻机和发酵罐使用比例最低。规模越大，固液分离机、清粪机和拉粪车使用比例越高。

奶牛场污水处理主要以氧化塘和沉淀池干湿分离为主，固体粪便处理主要以堆肥发酵和生产卧床垫料为主。其中，南方地区氧化塘和沉淀池干湿分离使用比例更高，使用牛粪和橡胶垫作为卧床垫料的比重也较高，东北地区和西北地区还田利用和使用沙子作为卧床垫料的比例较高。规模越大，氧化塘和沉淀池干湿分离使用比例降低，采用第三方处理的比例不断提高，同时，使用沙子作为卧床垫料比例越低，使用牛粪作为卧床垫料的比例越高。500～3000头规模奶牛场粪便处理以堆肥发酵为主，平均占比为50.7%，3000头以上规模奶牛场粪便主要用来生产卧床垫料。

4 建议措施

加强养殖从业人员技术培训。当前大部分养殖从业者文化程度较低，可以通过技术培训满足现代化养殖技术和管理需求。随着生产规模化、自动化及社会对产品质量需求提高，奶牛场对从业者的专业技能和从业经验的要求也相应提高。政府要对养殖从业人员培训给予引导支持，加强奶牛场与科研院校联动，促进先进技术的应用；奶牛场之间要加强交流，互相学习，不断优化养殖管理和技术。

清粪设施、粪污处理设施的推广应用要考虑地区资源禀赋和规模差异。机械刮板清粪、铲车清粪和吸粪车清粪是当前主要的清粪方式，东北地区使用固液分离机比例最高，华北地区使用清粪机比例较高，抛翻机和发酵罐使用比例较少。规模越大，固液分离机、清粪机和拉粪车使用频率最高。粪污处理方面，南方地区加强氧化塘、沉淀池干湿分离等技术使用，东北内蒙古地区和西北地区进一步推广粪污还田技术。同时，要鼓励发展第三方粪污处理服务机构。500～3000头规模奶牛场加强堆肥发酵技术推广应用，3000头以上奶牛场粪便处理要加强生产卧床垫料技术推广。中小规模奶牛场粪污处理设施和处理工艺应该更加多样化。

加大对大规模（3000头以上）和南方地区奶牛场粪污处理设施的支持力度。大规模奶牛场粪污处理对周边人居环境的改善作用更明显，但粪污处理技术使用对大规模奶牛场运营成本影响更大，具有较强的正外部性，同时，南方地区粪污处理难度更大，粪污处理带来的成本压力更大，因此，需要政府激励来缓解大规模和南方地区奶牛场粪污处理带来的较高的成本压力，促进奶牛养殖的可持续发展。

参考文献

[1]李胜利.中国奶牛养殖产业发展现状及趋势[J].中国畜牧杂志，2008，44（10）：45-49.

[2]刘浩，彭华，王川，等.我国不同奶业产区奶牛养殖效率的比较分析——基于266个养殖场的调研数据[J].中国农业资源与区划，2020，41（12）：110-119.

[3]李胜利，姚琨，曹志军，等.2018年奶牛产业技术发展报告[J].中国畜牧杂志，2019，55（6）：164-170.

[4]李胜利，姚琨，曹志军，等.2019年奶牛产业技术发展报告[J].中国畜牧杂志，2020，56（3）：136-144.

我国规模奶牛场生鲜乳销售现状调研报告

　　奶产业链涉及种植、养殖、加工和流通消费等多个环节，是多领域的、综合性的复杂链条。其中，奶牛场和乳品企业是产业链的两大核心主体，两者之间构成的生鲜乳销购关系最为复杂和敏感，事关奶业的健康稳定发展。近年来，虽然我国奶牛养殖规模化程度大幅提升，但依然有20多万家奶牛场饲养规模小，组织化程度不高，这些奶牛场的经营者一般被统称为奶农。奶农群体话语权较弱，加上牛鲜乳易腐难存、需要即时加工的产品特性决定了奶农不能完全自由选择销售对象，生鲜乳购销大多数时体现出"买方市场"特征，买方在交易上处于有利地位。长期以来，我国生鲜乳购销合同履行不规范、买卖双方利益分配不均衡，生鲜乳购销双方矛盾突出。

　　为进一步了解奶牛场生鲜乳销售现状，2022年6—10月，《中国乳业》编辑部对我国23个省（区、市）的320个规模奶牛场开展了调研，以期为完善生鲜乳购销关系、推动生鲜乳产销稳定提供指导。

1　调研内容

　　生鲜乳销售现状的调研内容包括2021年规模奶牛场生鲜乳销售渠道、销售量、销售价格、与乳品企业合作情况、生鲜乳购销合同内容、生鲜乳价格形成、生鲜乳交售价获知及奶款结算、生鲜乳优质优价情况等。

2　规模奶牛场生鲜乳销售现状分析

2.1　生鲜乳销售情况

　　生鲜乳销售乳品企业。本次调研涉及的奶牛场生鲜乳交售的乳品企业既有伊利、蒙牛等全国性企业，也有燕塘、庄园、西域春等区域性企业，还有个别奶牛场自行销售。整体看，收奶量第一位的乳品企业是伊利，收奶奶牛场占32.7%，收奶量0.32万吨/天；第二位是蒙牛，收奶奶牛场占20.4%，收奶量0.20万吨/天；第三位是三元，收奶奶牛场占

5.1%，收奶量 0.05 万吨 / 天；第四位是完达山，收奶奶牛场占 4.1%，收奶量 0.04 万吨 / 天；第五位是君乐宝，收奶奶牛场占 3.1%，收奶量 0.03 万吨 / 天。另外，有 1 家奶牛场销售散装生鲜乳，每天销售量 0.46 吨（表 1）。

表 1　生鲜乳收购量排在前 5 位的乳品企业

排序	乳品企业	收奶量（万吨 / 天）	奶牛场占比（%）
1	伊利	0.32	32.7
2	蒙牛	0.20	20.4
3	三元	0.05	5.1
4	完达山	0.04	4.1
5	君乐宝	0.03	3.1

生鲜乳销售量。调研奶牛场生鲜乳销售量平均为 34.07 吨 / 天。分地区看，西北地区场均生鲜乳销售量最大，为 67.29 吨 / 天，主要是因为西北地区奶牛场整体规模较大，生鲜乳产量高；其次依次是南方地区、东北地区、华北地区，场均生鲜乳销售量分别为 31.74 吨 / 天、28.1 吨 / 天、20.35 吨 / 天。由于养殖规模是决定生鲜乳产量的主要因素，单产也随着规模的增加而增加，因此，随着规模的增加，奶牛场生鲜乳产量增加，3000 头以上、1001 ～ 3000 头、500 ～ 1000 头、500 头以下规模奶牛场生鲜乳销售量依次为 104.1 吨 / 天、22.96 吨 / 天、10.17 吨 / 天、4.43 吨 / 天（图 1）。

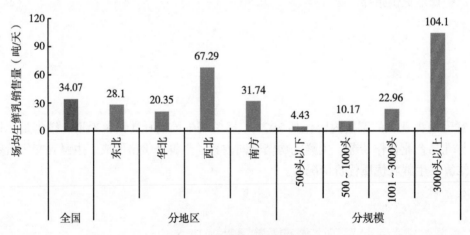

图 1　场均生鲜乳销售量情况

生鲜乳销售价格。调研奶牛场生鲜乳平均销售价为 4.18 元 /kg（为 2022 年 6—7 月价格，下同），比 2021 年同期的 4.34 元 /kg 下跌 0.16 元 /kg，跌幅 3.7%。分地区看，南方地区因生鲜乳生产成本高，加上为全国主销区，产不足需，生鲜乳销售价格明显高于其他地区，为 5.07 元 /kg，同比上涨 1.0%。其他地区价格从高到低依次为西北地区、华北地区和东北地区，分别为 4.13 元 /kg、4.05 元 /kg、3.96 元 /kg，同比分别下跌 3.5%、4.7% 和 4.8%。分规模看，3000 头以上、1001 ～ 3000 头规模奶牛场生鲜乳销售价格相对较高，分别为 4.23

元 /kg、4.25 元 /kg，同比分别下跌 4.1% 和 3.2%，其次是 500 头以下规模奶牛场，生鲜乳销售价为 4.18 元 /kg，同比下跌 3.5%；500 ～ 1000 头规模奶牛场生鲜乳销售价最低，为 4.06 元 /kg，同比下跌 4.0%（图 2）。

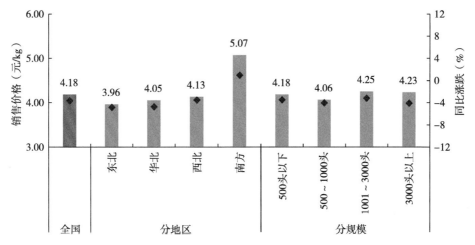

图 2　调研奶牛场 2022 年生鲜乳销售价格

生鲜乳销售距离。调研奶牛场生鲜乳平均销售距离为 162.6km。分地区看，西北地区是生鲜乳净流出区域，生鲜乳销售距离最长，平均为 238.2km；南方地区因养殖量小、奶牛场分散，销售距离也比较远，为 220.1km，华北地区、东北地区均为生鲜乳主产地区，奶牛场分布较密，加工厂也较多，生鲜乳销售半径较小，平均分别为 129.5km、110.7km。分规模看，3000 头以上规模奶牛场生鲜乳销售距离最远，平均为 265.9km，其次是 1001 ～ 3000 头规模奶牛场，生鲜乳销售距离平均为 163.0km，500 头以下、500 ～ 1000 头规模奶牛场生鲜乳销售距离较近，平均分别为 119.7km、108.6km（图 3）。

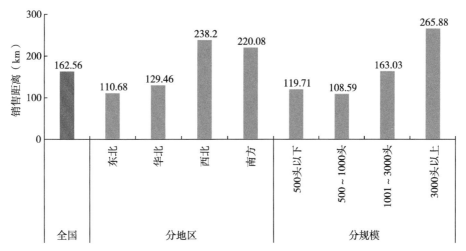

图 3　调研奶牛场生鲜乳销售距离

2.2 奶牛场与乳品企业合作情况

与乳品企业合作年限。 调研奶牛场与当前乳品企业合作年限平均为 7.3 年。分地区看，东北地区奶牛场与乳品企业合作最为稳定，与当前乳品企业合作年限达到 7.8 年；华北地区与乳品企业合作也比较稳定，与当前乳品企业合作年限为 7.3 年，仅次于东北地区。分规模看，3000 头以上规模奶牛场与乳品企业合作最为稳定，与当前乳品企业合作年限平均达到 7.7 年，1001 ～ 3000 头合作也比较稳定，与当前乳品企业合作年限平均为 7.5 年（图 4）。

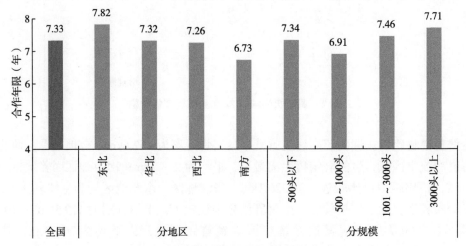

图 4　调研奶牛场与乳品企业合作年限

生鲜乳运输情况。 调研奶牛场生鲜乳运输主要由奶牛场和第三方运输公司完成，其中，42.9% 的奶牛场自购车辆运输生鲜乳，37.4% 的奶牛场由第三方运输公司运输生鲜乳，15.6% 的奶牛场由乳品企业提供车辆运输生鲜乳，还有 4.1% 的奶牛场由个人等其他方式运输生鲜乳。分地区看，东北地区奶牛场主要通过第三方运输公司运输生鲜乳，占49.1%；华北地区则主要以奶牛场自购车辆运输生鲜乳，占到 59.5%。分规模看，500 头以下、500 ～ 1000 头和 1001 ～ 3000 头规模奶牛场均以自购车辆运输生鲜乳为主，分别占 40.9%、53.6%、44.8%，3000 头以上奶牛场则通过第三方运输公司运输生鲜乳，占 57.4%（图 5）。

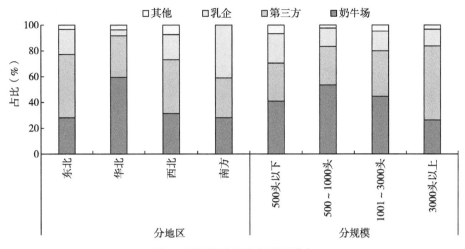

图 5　调研奶牛场生鲜乳运输车

2.3　生鲜乳购销合同签订情况

购销合同签订周期。调研奶牛场与乳品企业购销合同周期平均为 2.82 年，其中，合同周期在 3 年以下的奶牛场占 56.2%，3 ～ 5 年的奶牛场占 35.5%，5 年以上的奶牛场占8.4%。分地区看，东北地区奶牛场合同周期比较长，平均达到 3 年以上，为 3.55 年，3年以下、3 ～ 5 年、5 年以上合同周期的奶牛场占比分别为 46.7%、31.1%、22.2%；华北地区奶牛场合同周期最短，平均为 2.53 年，3 年以下、3 ～ 5 年、5 年以上合同周期的奶牛场占比分别为 60.8%、35.8%、3.3%。分规模看，3000 头以上规模奶牛场合同周期更长，平均为 3.07 年，3 年以下、3 ～ 5 年、5 年以上合同周期的奶牛场占比分别为 61.0%、34.1%、4.9%；1001 ～ 3000 头规模奶牛场合同周期较短，为 2.54 年，3 年以下、3 ～ 5 年、5 年以上合同周期的奶牛场占比分别为 61.6%、34.9%、3.5%（图 6）。

购销合同对生鲜乳价格的约定。调研奶牛场中，购销合同约定了生鲜乳交售价格的奶牛场，占 57.5%，未约定的奶牛场，占 42.5%。分地区看，南方地区的购销合同约定生鲜乳交售价的比例最高，占 86.5%；其次是西北地区，占 68.9%，两个地区均在 60.0%以上；而东北地区和华北地区购销合同约定生鲜乳交售价的比例均不足一半，分别为49.1% 和 47.8%。分规模看，3000 头以上规模奶牛场购销合同约定生鲜乳交售价的比例最高，占 74.6%；其次是 1001 ～ 3000 头奶牛场，占 60.4%；500 ～ 1000 头最低，占 45.8%（图 7）。

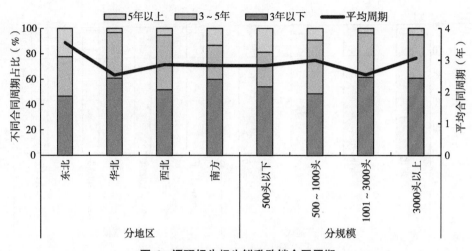

图 6　调研奶牛场生鲜乳购销合同周期

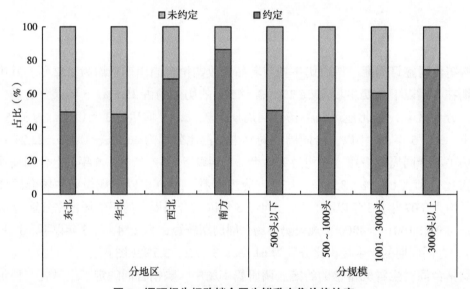

图 7　调研奶牛场购销合同生鲜乳交售价格约定

　　购销合同对生鲜乳交售量的约定。调研奶牛场中，购销合同约定了生鲜乳交售量的占70.1%，未约定生鲜乳交售量的占29.9%。分地区看，西北地区的购销合同约定生鲜乳交售量的比例最高，占74.6%；其次是南方地区，占70.3%，东北地区和华北地区购销合同约定生鲜乳交售量的比例分别为69.0%和68.7%。分规模看，3000头以上规模奶牛场购销合同约定生鲜乳交售量的比例最高，占81.0%；其次是500～1000头规模奶牛场，占71.1%；500头以下规模奶牛场占比最低，占61.4%（图8）。

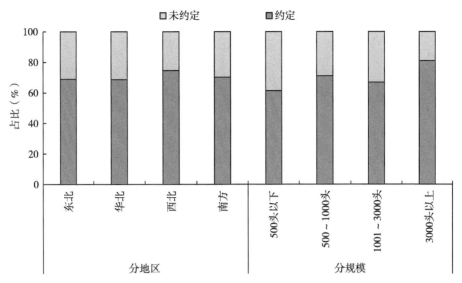

图8 调研奶牛场购销合同生鲜乳交售量约定

2.4 生鲜乳优质优价收购的执行情况

购销合同对生鲜乳优质优价的约定。生鲜乳购销没有执行优质优价的奶牛场占61.3%，生鲜乳购销执行优质优价的奶牛场占38.7%。其中，执行了优质优价的奶牛场中，优质优价政策设定的乳脂率、乳蛋白率、体细胞数和菌落总数等指标基础分别为3.62%、3.12%、25.89万个/mL和9.37万CFU/mL。在执行优质优价政策的奶牛场中，设置了优质优价奖励指标的占54.8%。分地区看，东北地区和南方地区奶牛场实行优质优价的均占到一半以上，分别为54.8%和50.0%；华北地区和西北地区奶牛场实行优质优价的均不足1/3，分别为31.9%和32.0%。分规模看，各规模奶牛场优质优价政策执行差异不大，3000头以上、1001～3000头、500～1000头、500头以下规模奶牛场优质优价实行比例分别为40.6%、41.9%、35.3%和34.7%（图9）。

优质优价奖励指标设置。有生鲜乳购销优质优价约定的奶牛场中，54.8%的奶牛场有奖励指标，45.2%的奶牛场没有奖励指标。分地区看，东北内蒙古地区奶牛场生鲜乳销售优质优价有具体奖励指标的比例最高，占到了58.8%；南方地区最低，不足一半，为47.6%；华北地区和西北地区分别为55.6%和54.2%。分规模看，500头以下规模奶牛场生鲜乳销售优质优价有奖励指标的比例最高，为70.6%，500～1000头规模奶牛场最低，不足一半，为46.7%；其次是1001～3000头、3000头以上规模奶牛场，分别为57.1%和50.0%（图10）。

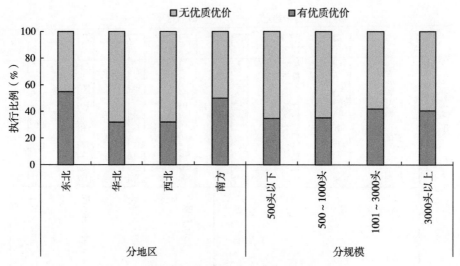

图 9　调研奶牛场生鲜乳购销优质优价执行情况

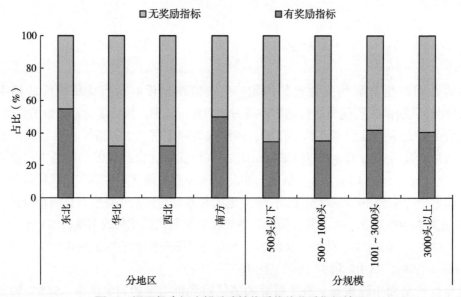

图 10　调研奶牛场生鲜乳购销优质优价奖励指标情况

3　结论

　　奶牛场与乳品企业形成了长期、稳定的合作关系。根据调研结果，奶牛场与乳品企业的合作年限平均达到 7 年以上，其中，除了养加一体化发展的企业外，社会化奶牛场中，内蒙古杭锦后旗升华牧业有限公司与乳品企业合作达到 30 年，更有多家奶牛场与乳品企业合作年限达到 20 年以上。这种长期稳定的合作关系，对于奶牛场、乳品企业的稳定发展以及生鲜乳购销市场的稳定，乃至奶业的健康发展有着积极作用。

奶牛场生鲜乳购销运输距离差异较大。调研奶牛场生鲜乳平均销售距离为 162.6km，运输距离最短的基本上实现了"就地"加工，但也有部分奶牛场的生鲜乳运输 200km 以上，最远的横跨中国数省，如甘肃德联牧业有限公司生鲜乳交售至贵州南方乳业，运输距离达到 2000km，更有多家奶牛场生鲜乳运输距离达到 1000km 以上，这些奶牛场生鲜乳多运至南方地区的乳品加工企业。生鲜乳的长距离运输，除增加生产成本外，也给质量安全带来了更多隐患。

生鲜乳购销合同有所规范，但优质优价体系仍需完善。调研奶牛场中，约有 57.5% 和 70.1% 的购销合同对生鲜乳交售价格和交售量进行了约定，尤其是南方地区，有 86.5% 的购销合同约定了生鲜乳交售价，70.3% 的购销合同约定了生鲜乳交售量，西北地区也有 74.6% 的购销合同约定了生鲜乳交售量，购销合同签署更加规范，但优质优价的比例依然不高。

4　建议

进一步推动完善生鲜乳购销关系。生鲜乳购销过程中，收购量、收购价格等最基础的买卖信息在购销合同中尚不能 100% 约定。建议进一步规范生鲜乳合同，加强生鲜乳购销合同签署监督，最大程度发挥第三方见证人在合同签署过程中的督促作用，依法查处和公布不规范履行购销合同行为。

推动南方地区奶源基地建设。南方地区是我国奶业主要的消费区，生鲜乳产不足需，常年需要跨省、跨地区调运满足消费需求。从调研情况看，南方地区生鲜乳收购价格显著高于其他地区。究其原因，除了南方地区生鲜乳生产成本高外，供不足需也是主要原因，特别是在其他地区生鲜乳收购价格下跌时，南方地区却在逆势上涨。建议进一步加大对南方地区奶源基地建设支持力度，提高南方地区生鲜乳自给能力。

进一步完善生鲜乳定价机制。进一步完善由政府、协会、乳品企业、奶农等多方参与的生鲜乳价格协商会议机制，执行价格协调委员会协商制定的生鲜乳参考指导价。通过计算公斤奶成本，秉持按质论价、优质优价原则制定合理的生鲜乳价格核算体系，进一步完善定价机制。探索建立生鲜乳价格公示制度，将生鲜乳收购价格计算方法公示给奶农，使生鲜乳定价过程更加透明。

东北内蒙古地区规模奶牛场
生产管理现状调研报告

东北内蒙古地区是我国的传统牧区和产奶大区，位于世界黄金玉米带和奶源带，具有发展奶牛养殖业得天独厚的自然条件，在资源、养殖等基础方面占据优势。

为了摸清国内规模奶牛场的生产管理状况，《中国乳业》编辑部开展了大规模的奶牛场一线调研，采取问卷和实地调研相结合的方式，共收集规模奶牛场问卷 320 份。其中，东北内蒙古地区规模奶牛场问卷 62 份，包括黑龙江省、内蒙古自治区、辽宁省，共覆盖存栏奶牛 13.32 万头。

1 奶牛场基本情况

各奶牛场基础设施较为完善，牛群结构较为合理，现代化机械设备较为齐全，人员配备整齐且素质较高，总体情况良好。

1.1 奶牛场性质

奶牛场性质较多，国营、集体、合资、私营都有，其中私营性质的奶牛场是主力军，占 62.7%。私营性质的奶牛场中，投资主体差异较大，以个人投建为主，占 64.9%，也有乳品企业为了把握上游奶源、控制原料奶质量而投资兴建的奶牛场。

1.2 奶牛场规模

存栏 1000 头以下的 17 家，占比为 27.4%；存栏 1001 ～ 2000 头的 18 家，占比为 29.0%；存栏 2001 ～ 5000 头的 25 家，占比为 40.3%；存栏 5000 头以上的 2 家，占比为 3.2%。

奶牛场的占地面积几乎都在百亩以上，单头奶牛平均占地面积最少的为 0.12 亩，多数为 0.3 ～ 0.6 亩，由于特殊原因，有 2 家奶牛场的单头牛占地面积达到了 3 亩以上。另外，62 家奶牛场中有 23 家拥有自有土地，为了更好地压缩成本，控制饲料来源，有 25 家租种了附近居民的土地，面积均在千亩以上，主要种植粗饲料，以青贮玉米为主。

1.3 奶牛场牛群结构

牛群结构较为合理。成母牛占总存栏比例普遍为 50% ～ 60%，占比为 63.0%。90.3% 的奶牛场泌乳牛占成母牛的比例达到 70% 以上，有 9 家甚至达到 90% 以上，泌乳牛占比低于 70% 的奶牛场只有 6 家。

1.4 奶牛场负责人学历情况

从学历看，奶牛场负责人的教育水平较高，本科学历占比达到 57.14%，硕士以上学历占比为 10.71%。奶牛养殖从业者的年龄结构和文化水平与养殖规模呈现较为明显的相关性，本科学历的负责人一般管理的奶牛场为 1000 头以上规模，硕士以上学历的负责人管理的奶牛场存栏在 3000 ～ 4000 头。

1.5 奶牛场人员配置

奶牛场工作人员数量与机械化程度成反比，在调查的奶牛场中，人均饲养奶牛头数最高为 62 头，最低只有 5 头，大多集中在 30 ～ 40 头，占比为 37.93%（图 1）。

各家奶牛场分工明确，多实行场长负责制，规模奶牛场都根据自己奶牛场的实际情况，配备了专职兽医和配种员。另外，饲养员、挤奶工、粪污处理员是奶牛场的主力军。

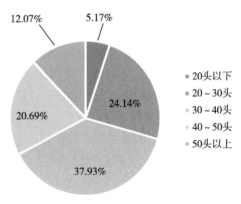

图 1 人均饲养奶牛头数情况

2 饲养管理情况

2.1 繁育情况

规模奶牛场普遍重视奶牛品种，调研的 62 家奶牛场，大部分为荷斯坦牛，多从国外引进或是直接从国外进口，良种率为 100%。

由于性控冻精使用条件严苛，东北内蒙古地区的奶牛场中，普通冻精比性控冻精的使用范围更广。对于冻精产地的选择多数奶牛场偏向进口冻精，调研数据显示，国产冻精使用率 60% ～ 100% 的奶牛场有 11 家，进口冻精使用率 60% ～ 100% 的有 37 家，实繁率平均为 70.7%。

2.1.1 奶牛品种与来源

东北内蒙古地区主要饲养的奶牛品种为荷斯坦牛，占比为 86.95%，另有 6 家奶牛场同时饲养西门塔尔牛、蒙贝利亚牛以及娟姗牛。

东北内蒙古地区奶牛场的奶牛来源主要依靠自繁自育，占比为 79.0%；17.7% 的奶牛场会选择从国外进口，进口奶牛来源国主要有澳大利亚和新西兰，只有 9.7% 的奶牛场从国内其他奶牛场购买。

2.1.2 冻精的选择和使用

国产与进口冻精使用情况。对于国产和进口冻精的选择和使用，45.9% 的奶牛场选择进口冻精，39.5% 的奶牛场会兼用国产冻精和进口冻精，但使用比例不一。调研的奶牛场中，完全使用国产冻精的占比为 15%。

普通冻精和性控冻精的选择。东北内蒙古地区大部分奶牛场都是将普通冻精和性控冻精混合使用，占比为 80.1%，即头胎牛使用性控冻精，经产牛使用普通冻精。少量的奶牛场会单独使用进口冻精或普通冻精，仅有 2% 的奶牛场全部使用普通冻精，4.8% 的奶牛场全部使用性控冻精。

冻精品牌的选择。国产冻精的品牌主要集中在鼎元、赛科星、山东奥克斯等。虽然相比于国产品牌进口品牌的选择性更多，但是东北内蒙古地区奶牛场使用的冻精主要集中在瑞士 ABS、亚达 – 艾格威、美国环球种畜、加拿大先马士等几个品牌。在进口普通冻精品牌中，使用加拿大先马士的奶牛场最多，占比为 22.6%，其次为美国环球种畜，占比为 9.7%，瑞士 ABS 和亚达 – 艾格威的占比分别为 6.5% 和 8.1%（图 2）。在进口性控冻精中，加拿大先马士仍是使用最多的，占比为 21.0%，其次为美国环球种畜，占比为 16.1%，瑞士 ABS 和亚达 – 艾格威占比分别为 8.1% 和 6.5%（图 3）。

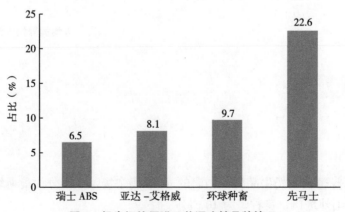

图 2 奶牛场使用进口普通冻精品牌情况

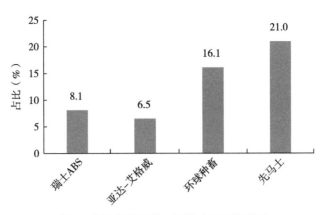

图 3　奶牛场使用进口性控冻精品牌情况

2.1.3　繁殖技术使用情况

同期发情技术应用情况。62 家奶牛场中，绝大多数会使用同期发情技术，占比为91.9%。使用同期发情技术的牧场中，双同期技术使用最多，占比为 36.8%；其次为同期技术，占比为 31.6%；预同期技术占比为 26.3%；5.3% 的牧场会将多种技术混合使用。

发情揭发技术应用情况。发情揭发技术中，人工揭发技术为比较普遍的方式，有53.2% 的奶牛场会用到人工揭发技术，这其中有 39.4% 的奶牛场会同时配合使用其他技术，如计步器、项圈等。发情监测设备的使用品牌，主要以安乐福 SCR、阿菲金、利拉伐为主。

妊娠监测技术的应用。妊娠监测技术中，67.7% 的奶牛场采用配后 30～35 天 B 超检查，17.7% 奶牛场会将"配后 28 天，血检；配后 30～35 天，B 超检查；配后 40 天，手工直肠检查"混合使用（选择其中的 2 种或 3 种），没有奶牛场使用乳孕酮水平检测的监测方式。

2.1.4　繁殖指标情况

奶牛平均利用胎次为 4.2 胎，成母牛在群平均胎次为 2.6 胎次，奶牛场中最高利用胎次为 6 胎；青年牛始配天数平均为 382 天，最高为 490 天；产犊间隔天数平均为 361 天，最高可达 425 天；305 天产奶量为 9.2 吨，平均泌乳天数 196 天，青年牛配准需要输精1.86 次，成母牛需要 2.7 次，实繁率平均为 70.7%。青年牛年平均 21 天怀孕率为 40.7%，经产牛年平均 21 天怀孕率为 29.7%。

2.2　饲料营养

饲料成本仍是奶牛场的主要成本，东北内蒙古地区公斤奶成本为 3.97 元 /kg，公斤奶饲料成本为 2.92 元 /kg。54.2% 的奶牛场中饲料成本占总成本的 60%～80%，27.1% 的奶牛场中饲料成本占总成本的 80%～90%，10.4% 的奶牛场饲料成本比例甚至达到了 90%以上，仅有 8.3% 的奶牛场饲料成本占比在 60% 以下。

2.2.1　作物种植情况

75.8% 的奶牛场有种植基地，具有种植基地的奶牛场平均种植面积为 15689.2 亩，种植面积最高达 200000 亩，但是种植作物以玉米为主，28.26% 的奶牛场会同时种植苜蓿、燕麦、小麦等作物。作为奶牛的主要饲料，玉米主要被制作为青贮，窖藏。地上式混凝土青贮窖在东北奶牛场比较普遍，67.7% 的奶牛场建造此类型的储存区。

2.2.2　青贮质量与使用情况

东北内蒙古地区的玉米青贮干物质含量平均为 30.9%，其淀粉含量平均为 29.1%。88.7% 的奶牛场表示，2022 年玉米青贮可满足奶牛场需求，少量奶牛场需要外购裹包青贮作为补充。青贮制作成本方面，2020 年平均成本为 839.3 元 / 吨，2021 年，其制作成本上涨至 926.1 元 / 吨。

2.2.3　饲料配方的设计

东北内蒙古地区奶牛场的饲料配方制作以牧场专职营养师设计（35.00%）和预混料企业营养师设计（38.33%）为主，饲料添加剂企业设计占比为 13.33%。不同规模来看，1000 头以下规模奶牛场以专职营养师为主，1000 头以上的奶牛场，随着规模的不断提高，预混料企业营养师设计、饲料添加剂企业设计采用比重在不断提高（图 4）。

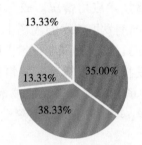

图 4　奶牛场饲料配方制作情况

2.2.4　环保饲料应用情况

随着城市进程和工业化进程不断推进，环境污染日益严重，国家对环保的重视程度也越来越高。"绿水青山就是金山银山"，为了更好地保护环境，很多奶牛场会选择环保饲料，占比为 80%。其中使用较多的是合成氨基酸、酶制剂、微生态制剂、有机微量元素，91.7% 的奶牛场会选择以上酶制剂中的一种或几种。中草药、有机酸、寡糖类物质、除臭剂、植物提取物都有奶牛场在使用，但是占比非常低。

2.3　疾病防治

东北内蒙古地区疾病高发时间集中在 7—9 月，犊牛腹泻在东北内蒙古地区发生率较高，为 9.93%，年死淘率平均为 16.68%，代谢类疾病对奶牛场收益影响最大。

2.3.1　疾病发病率和死淘率

临床乳房炎的月均发病率为 2.68%，其中发病率最低的省份为内蒙古，仅为 2.0%，最高的省份为黑龙江，占比为 3.8%。肢蹄病月均发病率为 3.7%，子宫炎月均发病率为 5.4%，胎衣不下月均发病率为 3.7%，临床酮病月均发病率为 2.8%，亚临床酮病月均发病率为 6.1%，产后瘫痪月均发病率为 1.4%，真胃变位月均发病率为 1.6%，犊牛腹泻月均发病率为 9.9%，犊牛 BRD 月均发病率为 7.0%。

东北内蒙古地区年平均死淘率为 16.7%，33.3% 的奶牛场造成死淘的主要原因相对单一，大部分为肢蹄病、乳房炎、消化类疾病、繁殖类疾病、代谢类疾病中的一种，也有奶牛遭受到了物理损伤而不得不淘汰的情况。其余 66.7% 的奶牛场则均为复合性因素导致奶牛死淘。调研结果显示，代谢类疾病对奶牛场收益影响最大，而后依次为消化系统疾病、繁殖疾病、肢蹄病、乳房炎。

2.3.2 奶牛场用药情况

干奶药使用方面，82.3% 的奶牛场会在全群使用，仅有 1.6% 的奶牛场表示不使用干奶药；26.7% 的奶牛场会全群使用封闭剂，51.7% 的奶牛场不使用封闭剂。东北内蒙古地区 72.6% 的奶牛场存在非 A 类传染病，主要是病毒性腹泻、牛传染性鼻气管炎 IBR 和梭菌感染等。

在疫苗使用方面，奶牛场常用的疫苗有梭菌疫苗、山羊痘、牛传染性鼻气管炎 IBR 疫苗、口蹄疫疫苗和病毒性腹泻 BVD 疫苗。疫苗的年度预算费用平均为 13.4 万元，预算最多可达 100 万元，但大部分奶牛场为 10 万元左右；药品的年度平均预算为 117.8 万元，其中抗生素年度平均预算为 31.7 万元，激素年度平均预算为 25.38 万元，抗炎药年度平均预算为 24.75 万元，驱虫药年度平均预算为 4.96 万元，营养药平均预算为 17.22 万元。

2.4 DHI 测定情况

2.4.1 系谱记录

从东北内蒙古地区来看，奶牛场采用有系谱记录进行 DHl 测定的比例最高为 60.65%，无牛只系谱记录的占比为 11.48%。

2.4.2 DHI 检测奶样采集

东北内蒙古地区 DHI 检测奶样采集，早班奶、中班奶、晚班奶、三次奶混合的占比差距不大。其中，中班奶的占比最高为 34.09%，因为奶牛在中午时间段通常会选择休息和食物摄取，奶样采集较为方便（图 5）。

2.4.3 5 项主要的 DHI 报告指标

DHI 报告指标方面，东北内蒙古地区比较关注的指标为日产奶量、305 天产奶量、乳脂率、体细胞数、泌乳持续力，占比分别为 13.7%、11.9%、11.9%、11.9%、11.6%（图 6）。

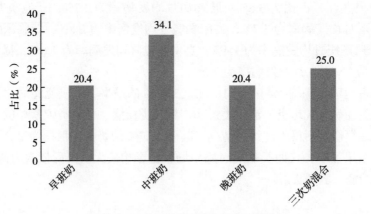

图 5　奶牛场 DHI 检测奶样采集情况

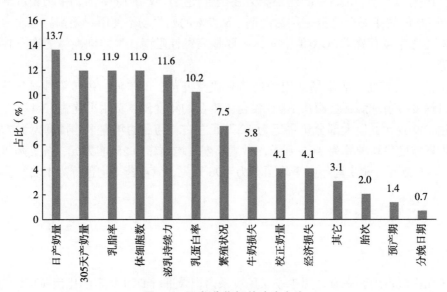

图 6　DHI 报告指标关注度占比

2.5　智能化设备应用情况

2.5.1　身份识别设备应用情况

对于身份识别装置，23% 的奶牛场使用计步器，13.1% 的奶牛场使用外挂式电子耳标识别，使用项圈的奶牛场占比为 22.9%，18.0% 的奶牛场会同时使用多种方式来监测，大部分都为耳标、项圈、计步器混合使用；另外，没有身份识别装置的奶牛场占 18.0%。

2.5.2　奶厅管理系统应用情况

东北内蒙古地区约 87.0% 的奶牛场拥有奶厅管理系统，其中 42.0% 的奶牛场同时拥有奶厅管理、发情管理、牛群管理、精准饲喂系统。奶厅管理系统品牌主要有利拉伐、阿菲金、SCR、帝波罗等。其中，阿菲金的奶厅管理系统使用比例为31.7%，利拉伐为24.4%，SCR为14.6%，帝波罗为14.6%，其他品牌的奶厅管理系统，如GEA、博美特、麦喀斯占比均低于10%（图7）。

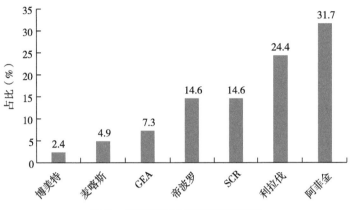

图 7　奶厅管理系统品牌使用情况

2.5.3　牛群管理系统应用情况

牛群管理系统应用方面，66.7%的奶牛场会使用，但是管理系统的品牌相对分散，有阿菲金、奶业之星、一牧云、新牛人等，其中新牛人、阿菲金使用率较高，分别为26.2%和19.0%，其次为一牧云、奶业之星（图8）。

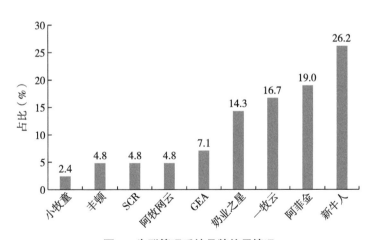

图 8　牛群管理系统品牌使用情况

2.5.4　饲喂系统及设备应用情况

东北内蒙古地区的精准饲喂系统使用率约为59.7%，但是品牌集中度不高，主要以科湃腾、爱伟创和DCT为主，98.3%的奶牛场都会使用TMR设备。

2.6 奶厅管理

2.6.1 挤奶机类型和品牌

东北内蒙古地区奶牛场全部使用机械化挤奶，其中使用最多的是并列式挤奶机，占比为 43.55%，鱼骨式和转盘式挤奶机占比分别为 33.87% 和 20.97%。

东北内蒙古地区奶牛场中利拉伐挤奶机的占有率最高，为 41.3%，其次是阿菲金，占比为 19.6%，再其后为安乐福 SCR，占比为 15.2%（图 9）。转盘挤奶机每小时平均可挤奶牛 309 头，并列式挤奶机每小时平均可挤奶牛 169 头，使用鱼骨式挤奶机的奶牛场每小时平均可挤奶牛 120 头，78% 以上的奶牛场每天挤 3 次奶。

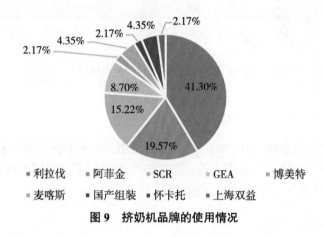

图 9 挤奶机品牌的使用情况

2.6.2 奶厅设施管理水平

奶厅管理水平不仅仅与牛奶质量和奶牛健康息息相关，也直接影响到奶牛场的整体利益，因此，挤奶厅越来越成为整个奶牛场生产运营的中心。另外，奶牛耐寒怕热，其生长适宜温度是 8～16℃，当外界温度超过 30℃时，奶牛采食量减少，体重下降，产奶量可降低 25%～50%，因此，防暑降温是奶牛养殖的重要环节。调研数据显示，96.8% 的奶牛场配有防暑降温设施，采用单通廊挤奶通道和双通廊挤奶通道的奶牛场分别占 37.1% 和 62.9%。并且 95% 的奶牛场会在奶厅通道上安装蹄浴设施以对牛蹄进行清洗和药物护理，降低蹄病的发病率，在奶厅安装药浴设施的奶牛场有 54.2% 使用混凝土蹄浴池，42.4% 的奶牛场使用蹄浴设备，还有 3.4% 的奶牛场两者兼用。

为了保证挤奶的效率和奶牛的健康，根据国际行业内公认的原则，橡胶奶衬使用 2500 头次后应进行更换。在调研的东北内蒙古奶牛场中，有 45.0% 的奶牛场使用 2500 头次之内进行更换，38.3% 的奶牛场使用 2500～3000 头次时进行更换，只有少量奶牛场（1.7%）是在奶衬出现损坏后才进行更换（图 10）。

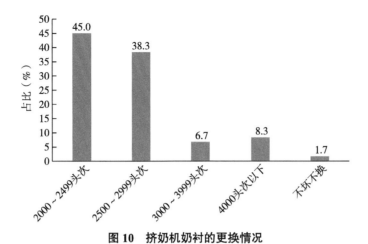

图10 挤奶机奶衬的更换情况

2.6.3 乳房炎预防与监测

挤奶前后的药浴可以减少乳头末端微生物污染和阻止挤奶过程中的交替传染，对于乳房炎防御和生鲜乳质量的保证至关重要。目前主要的药浴方式分为药浴喷枪、药浴杯和药浴机器人3种方式，东北内蒙古奶牛场中均使用前两种，药浴机器人还没有得到普遍应用。

奶牛场在进行前药浴和后药浴时，药浴杯都是更为普遍的使用方法，占比分别为75.0%和91.8%，90.0%的奶牛场表示会定期进行奶牛乳房炎评估。

2.7 粪污处理

我国畜牧业发展的内部环境和外部环境已经发生了根本性转变，畜禽粪污污染不仅给生态环境带来了严重危害，还浪费了营养资源。近年来，随着我国畜牧业的迅猛发展和生态建设力度的不断加大，绿色发展理念已经成为养殖业发展的大趋势，引领着畜禽粪污处理向着资源化利用的方向转变，畜禽粪污处理和资源化利用的一些新技术、新方法、新模式也应运而生，实现了畜禽粪污变废为宝。

2.7.1 清粪方式

实现奶牛场的粪污资源化利用，清粪工作是基础。调研数据显示，目前机械刮板清粪、吸粪车清粪是东北内蒙古地区奶牛场中较为普遍的清粪方式，占比分别为29.0%和19.4%，19.3%的奶牛场将多种方式兼并使用，但是由于有些奶牛场建设时间较早，仍有6.45%的奶牛场使用人工清粪。

粪污收集后的处理方式主要有直接还田、达标排放、返回卧床做垫料、做沼气、做有机肥、第三方处理等方式。调研数据显示，东北内蒙古地区42.6%的奶牛场会将全部或部分牛粪做成卧床垫料，41.0%的奶牛场会将其进行堆肥发酵，这其中多数奶牛场会同时结合其他方式进行处理，如使用沼气池、做牛床垫料、卖给周边农户等，有少部分也会选择堆肥发酵的方式；23.0% 的奶牛场会考虑将粪污交给第三方进行处理，3.3% 的奶牛场利用粪污养殖蚯蚓。另外，仍有 31.1% 的东北地区奶牛场将粪污直接还田，但是自然堆放的占比较低，仅有 3.3% 的奶牛场选用此种方式。

2.7.2 卧床垫料

目前，卧床垫料的主要形式有沙子、牛粪、橡胶垫等。调研数据显示，东北内蒙古地区奶牛场使用沙子和牛粪作为垫料的数量相当，占比分别为 31.1% 和 34.3%，使用橡胶垫的占比较低为 8.2%，另有 16.4% 的奶牛场会使用牛粪和其他材料共同做垫料。

东北内蒙古地区奶牛场卧床垫料选用沙子和牛粪的较多，但是在垫料使用过程中也遇到一些问题。奶牛场普遍反映用沙子做垫料存在价格较贵、采购困难、沙床翻拌困难、环保压力大等问题；用牛粪做垫料存在牛粪板结、晾晒困难、发酵不彻底、引发乳房炎等问题。

对于污水的处理方式，16.4% 的奶牛场会直接还田，18.9% 的奶牛场会将污水排入氧化塘；将污水排入沼气池、达标排放和进入沉淀池后干湿分离的奶牛场各占 8.2%、4.9% 和 9.8%。另外有 37.7% 的奶牛场会将多种方式结合。

调研数据显示，东北内蒙古地区 48.4% 的牛棚内采用自然通风，45.2% 进行机械通风，6.4% 两者结合。85.2% 的奶牛场在奶牛采食位上安置颈夹，11.5% 的奶牛场安置颈夹的同时也安置部分颈杠，单纯安装颈杠的奶牛场仅占 3.3%。

3　生鲜乳生产与销售

3.1　生鲜乳记录与处理

对于产奶量的记录，98.4% 的奶牛场会记录产奶量，其中 67.2% 的奶牛场可实现自动记录产奶量，另外，32.8% 的奶牛场还处于人工记录产奶量状态。对于鲜牛乳的冷却方式，60.1% 的奶牛场采用冷却罐进行冷却，21.3% 的奶牛场则采用板片式热交换器冷却，14.8% 的奶牛场同时使用两种方法进行冷却处理，其中有少量奶牛场会结合使用速冷设备和冷排的方式。

3.2　价格

生鲜乳售卖收入是奶牛场的主要收入，因此产奶量、牛奶质量和奶价是影响奶牛场收入的主要因素。东北内蒙古地区每日平均销售生鲜乳 237.75 吨，2022 年下半年销售均价为 4.21 元 /kg，比 2021 年下降 4.37%。大部分奶牛场与乳企签订了合同，生鲜乳价格根据牛奶质量有所不同，大部分奶牛场的售价在 4.0 ～ 4.5 元 /kg，占比为 58.62%，有 8 家奶牛场售价在 4.0 元 /kg 以下，最低为 3.4 元 /kg，5 家原奶质量高的奶牛场，售价可达到 5.0

元 /kg 以上，最高为 5.8 元 /kg（图 11）。

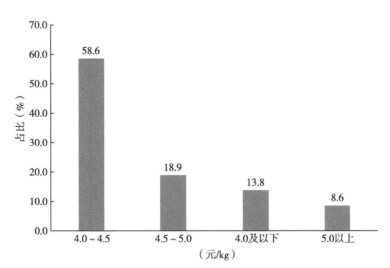

图 11　生鲜乳售价情况

3.3　运输

奶牛场距离加工厂的平均距离为 139.4km，运输牛奶的车辆 42.4% 为奶牛场自行提供，30.5% 为第三方提供，20.3% 为加工厂提供。生鲜乳销售实行优质优价、月结款的方式。调研数据显示，生鲜乳销售价格过低是牧场存在的普遍问题，针对当前的奶业形势，25.9 % 奶牛场考虑自建加工厂以抵御市场波动风险。

4　结论

优质饲料对外依赖仍然较高。优质饲料对提高奶牛产奶量和生鲜乳质量的作用，被越来越多的认同，奶牛场青贮玉米的使用非常普遍，苜蓿，特别是进口苜蓿的使用量也在不断增加。调研发现，东北内蒙古地区虽然 70% 的奶牛场通过自有土地或租借的方式种植粗饲料，但是品种单一，以青贮玉米为主，对优质粗饲料的对外依赖性较高，特别是苜蓿。

粪污深加工积极性不高。奶牛场所产生的粪污如果不及时有效地进行处理，会造成较大的环境污染。虽然粪污处理方式有所改变，但是进行深加工的奶牛场较少，有部分奶牛场采用深加工的形式，但是收益一般，导致奶牛场对粪污深加工项目积极性不高。

5 建议

切实加强技术创新引领，凝练提升最佳技术体系。东北内蒙古地区发展奶业具有先天优势，结合较成熟的主推技术，运用生物、信息等现代手段，加快畜禽粪污处理与资源化利用的创新。紧紧依靠高等院校、科研院所与养殖企业，成立"产、学、研、用"创新联盟，研制智能化、小型化、便携式、低成本的收集、堆放、施用机械设备，研发减量化产生、无害化处理、资源化利用的新技术，并结合东北内蒙古地区特点，将其凝练提升成为可复制、易推广的技术体系。

种植高品质苜蓿。调研数据显示，奶牛场主要以种植青贮玉米为主，种植品种单一，东北内蒙古地区土地资源丰富，种植面积达 20 万亩。可以研究种植高质量苜蓿等牧草。这样可以从根本上摆脱大量从国外进口苜蓿的问题，同时降低苜蓿的价格，增加奶牛场的效益。

加大粪污处理资金补贴力度。制约规模奶牛场开展粪污深加工处理项目的主要因素是前期投资投入大、投资回收周期长、技术不成熟。对于经济效益不高，但是社会效益大的项目，政府应除了加大资金补贴外，还可以积极推广成熟的经验。

南方地区规模奶牛场生产管理现状调研报告

2022年6—10月，《中国乳业》编辑部开展了大规模一线调研，采取问卷和实地调研相结合的方式，共收集规模奶牛场问卷320份。其中，南方规模奶牛场问卷34份，包括湖南、江苏、安徽、浙江、福建、广东、四川、贵州、云南、上海10个省份，共覆盖奶牛存栏10万头。34家奶牛场中，存栏1000头以下的8家，占23.5%；存栏1001～2000头的13家，占38.2%；存栏2001～5000头的7家，占20.6%；存栏5000头以上的6家，占17.6%。

从地理区域看，我国生鲜乳生产的主要特征是以北方地区为主，奶牛养殖主要集中在内蒙古、黑龙江、河北、宁夏、新疆等"三北"（东北、华北、西北）地区，南方地区面临着气候、资源等条件约束，奶牛养殖受到一定限制，而牛奶的消费却主要集中在南方，因此"北奶南调"情况长期存在。根据此次调研结果，对南方地区奶牛养殖相关问题进行梳理，具体如下。

1 奶牛场基本情况

1.1 奶牛场性质与主体

南方地区奶牛场私营性质较多，占58.6%，其次为国营，占27.6%；合资和联营性质的奶牛场占比差不多。从投资主体看，奶牛场中主要为乳品企业自建奶牛场，占54.5%，个人奶牛场占39.4%。

1.2 奶牛场建设情况

奶牛场因存栏和占地面积有所不同，占地100亩以下的奶牛场约28.1%，占地101～200亩的奶牛场约21.9%，占地201～500亩的奶牛场约25%，占地500亩以上的奶牛场占25%。从奶牛场建设角度看，有2家奶牛场的运营时间超过了50年，分别坐落在贵州和安徽。2008—2015年所建奶牛场占50%，其次是2000—2008年期间所建，占

26.5%，而 2016 年至今所建奶牛场占 17.6%。

2 饲养管理情况

2.1 繁育情况

南方地区主要饲养的奶牛品种为荷斯坦，主要靠奶牛场自繁自育，而对于冻精的选择多数奶牛场则偏向进口冻精，奶牛平均利用胎次为 4.3 胎，实繁率平均为 76.7%。

2.1.1 奶牛品种与来源

我国奶牛养殖的主要品种为荷斯坦牛，其他品种还有娟姗牛、西门塔尔牛、弗莱维赫牛等。荷斯坦牛同样也是南方地区饲养的主要品种，南方地区荷斯坦牛总存栏占奶牛场总存栏的 93.5%，另有 2.3% 的奶牛场会同时饲养娟姗牛，主要分布在湖南、贵州、四川、福建和广东。奶牛来源主要靠奶牛场繁育，58.8% 的奶牛场为自繁自育，32.4% 的奶牛场选择国外进口，主要是新建奶牛场所需，只有较少数从国内其他奶牛场购买，或者将其作为买牛的补充形式。

2.1.2 冻精的选择和使用

（1）国产冻精与进口冻精

50.0% 的奶牛场选择进口冻精，40.9% 的奶牛场会兼用国产冻精和进口冻精，但使用比例不一。调研奶牛场中，仅有少数奶牛场完全使用国产冻精。

（2）普通冻精和性控冻精

7.1% 的奶牛场全部使用普通冻精，14.3% 的奶牛场全部使用性控冻精，混合使用冻精的奶牛场占比为 60.7%，即头胎牛使用性控冻精，经产牛使用普通冻精。也有一些奶牛场，有其他的使用方式，如 A 奶牛场，青年牛前 3 次配种时，使用性控冻精；成母牛使用普精冻精；B 奶牛场，青年牛首次配种 100% 使用性控冻精，二次配种则 90% 使用性控冻精，成母牛中的一胎牛首次配种 70% 使用性控冻精、二胎牛繁育胎次内首次配种 50% 使用性控冻精；C 奶牛场，青年牛首次配种使用性控冻精，成母牛中的一胎牛繁育胎次内首次配种 70% 使用性控冻精。

（3）冻精品牌的选择

国产冻精主要集中在上海育种中心、北京奶牛中心、河南鼎元、内蒙古赛科星、山东奥克斯等品牌。而进口冻精的品牌较多，集中度不高。其中，进口普通冻精品牌中，ABS 的使用最多，占总奶牛场的 22.2%，其次为美国 STgenetics，占 18.5%，之后依次为先马士、爱沃、美国 Genex、美国环球种畜、北京向中生物技术有限公司（简称"向中"）、亚达 – 艾格威、法国 GD（图 1）。在进口性控冻精中，ABS 仍是使用最多的，占 23.8%，其次为美国环球种畜，占 19.0%，之后依次为美国 STgenetics、先马士、爱沃、美国 Genex、向中、亚达 – 艾格威（图 2）。

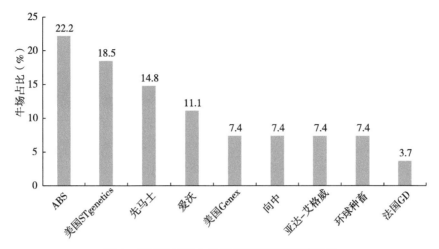

图 1　南方地区奶牛场使用进口普通冻精情况

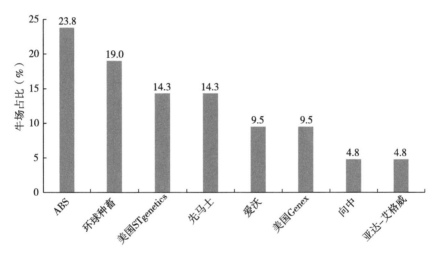

图 2　南方地区奶牛场使用进口性控冻精情况

2.1.3　繁殖技术使用情况

（1）同期发情技术

绝大多数的奶牛场均适用同期发情技术，占 90.9%，其中双同期技术使用的最多，为 35.5%，其次为同期技术，占 32.3%，预同期技术的使用奶牛场占 19.4%。其中前两者兼用和三者兼用的奶牛场各占 6.5%。

（2）发情揭发技术

在发情揭发技术中，还是主要采用人工揭发技术，有 62.5% 的奶牛场均会用到人工揭发技术，这其中会有将近 50% 的奶牛场同时配合使用其他技术，如计步器、项圈等。发情监测设备的使用品牌，主要以阿菲金和安乐福 -SCR 为主。

（3）妊娠监测技术

妊娠监测技术中，普遍采用的是配后 30 ~ 35 天 B 超检查和配后 40 天 + 手工直肠检

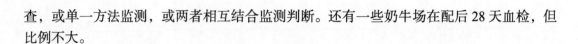

查，或单一方法监测，或两者相互结合监测判断。还有一些奶牛场在配后 28 天血检，但比例不大。

2.1.4 繁殖指标

奶牛平均利用胎次为 4.3 胎，成母牛在群平均胎次为 2.6 胎，高的可达到 4.5 胎，青年牛始配天数为 415 天；产犊间隔为 393 天，305 天产奶量为 9.5 吨，平均泌乳天数 221 天，青年牛配准需要输精 1.88 次，成母牛需要 2.81 次，实繁率平均为 76.7%。青年牛年平均 21 天怀孕率为 46.1%，经产牛年平均 21 天怀孕率为 33.3%。

2.2 饲料营养

南方地区公斤奶成本为 4.55 元 /kg，公斤奶饲料成本为 3.21 元 /kg。因其没有大面积的连片土地，奶牛场种植基地较少；严峻的环保问题也使得南方地区的环保饲料应用较为广泛。

2.2.1 作物种植

38.2% 的奶牛场没有任何形式的种植基地。具有种植基地的奶牛场平均种植面积为 1038.4 亩，种植作物主要为玉米。作为奶牛的主要饲料，玉米主要被制作为青贮，窖藏。地上式混凝土青贮窖在南方地区比较普遍，67.6% 的奶牛场均建造的是此类型的青贮窖。

2.2.2 青贮饲料质量与使用

南方地区的玉米青贮平均干物质含量为 30.3%，其平均淀粉含量为 28.0%。69.7% 的奶牛场显示，2022 年玉米青贮可满足奶牛场需求，不能满足生产所需的奶牛场主要靠外购裹包青贮或使用其他品种青贮做替代来解决。2020 年，青贮制作成本平均为 589 元 / 吨，2021 年，其制作成本上涨为 733 元 / 吨。

2.2.3 环保饲料

南方地区奶牛场的环保问题在全国是比较严峻的，因此各奶牛场也都在持续改善养殖的物理和生物环境。近些年，环保饲料渐入大家视野，58.8% 的奶牛场会使用环保饲料，其中用的较多的主要是酶制剂、微生态制剂、合成氨基酸，另外，有机酸、微量元素和除臭剂也有奶牛场在使用，但不多。

2.3 疾病防治

南方地区奶牛疾病的高发时间集中在 7—8 月，犊牛腹泻为南方地区发病率较高的奶牛疾病，年死淘率平均为 13.92%，代谢性疾病对奶牛场收益影响最大。

2.3.1 疾病发病率

临床型乳房炎的月均发病率为 4.32%，其中发病率最低的省份为湖南，仅为 1.33%，最高的省份为广东，月均发病率为 9.15%。肢蹄病月均发病率为 3.54%，子宫炎月均发病率为 5.13%，胎衣不下月均发病率为 5.91%，临床酮病月均发病率为 3.88%，亚临床酮病月均发病率为 8.33%，产后瘫痪月均发病率为 1.28%，真胃变位月均发病率为 2.02%，犊牛腹泻月均发病率为 8.48%，犊牛呼吸系统疾病月均发病率为 3.61%。

2.3.2 奶牛场死淘情况

南方地区年死淘率平均为 13.92%，29% 的奶牛场造成死淘的主要原因相对单一，或是因为肢蹄病、乳房炎、消化系统疾病、代谢性疾病，或是奶牛遭受到了物理损伤而不得不淘汰。而其余 71% 的奶牛场则均为复合性因素导致奶牛死淘，其中肢蹄病和乳房炎几乎是每个奶牛场导致死淘的必然因素，消化系统疾病、繁殖疾病以及代谢性疾病在不同的奶牛场对奶牛死淘有不同程度的影响。其中，南方地区由于繁殖疾病而导致的淘汰多数奶牛场在 20% 以下，只有 18.2% 的奶牛场为 20% ~ 40%。另外，调研结果显示，代谢性疾病对奶牛场收益影响最大，而后依次为消化系统疾病、繁殖疾病、肢蹄病、乳房炎。

2.3.3 奶牛场用药

在干奶药的使用方面，81.8% 的奶牛场会在全群使用，仅有 6% 的奶牛场表示不使用干奶药；48.5% 的奶牛场会全群使用封闭剂，24.2% 的奶牛场并不使用封闭剂。南方地区奶牛场普遍存在的非 A 类传染病主要是病毒性腹泻和梭菌感染，常进行的疫苗免疫有梭菌疫苗、山羊痘、口蹄疫疫苗和巴氏杆菌疫苗。疫苗的年度预算费用平均为 21.03 万元，预算最多的可达 100 万元，最少的仅有几千元；药品的年度预算为 179.58 万元，其中抗生素年度预算平均为 55.93 万元，激素类药物年度预算 46.86 万元，抗炎药年度预算 42.11 万元，驱虫药年度预算 6.64 万元，营养药 18.33 万元。

2.4 智能化设备应用情况

2.4.1 身份识别设备应用情况

13.8% 的奶牛场使用计步器，55.2% 的奶牛场使用耳标，其中使用外挂式电子耳标的奶牛场占 37.5%，使用嵌入式耳标的占 25%，耳标和项圈兼用的占 37.5%；另外，没有身份识别装置的奶牛场占 20.7%。

2.4.2 奶厅管理系统应用情况

南方地区约 75% 的奶牛场拥有奶厅管理系统，其中 66% 的奶牛场同时拥有奶厅管理系统、发情管理系统、牛群管理系统。奶厅管理系统的品牌主要集中在利拉伐、阿菲金等

5 种。其中，利拉伐的奶厅管理系统使用占比为 61.9%，阿菲金的使用占比为 19.0%，其他品牌的奶厅管理系统，如 GEA、博美特、SCR 占比均低于 10%（图 3）。

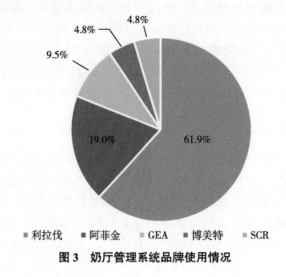

图 3　奶厅管理系统品牌使用情况

2.4.3　发情管理系统应用情况

使用发情管理系统的奶牛场约占 50%，其中 SCR 的使用率最高，占 46.7%，其次为阿菲金品牌，占比为 40%。配套发情管理系统的身份识别设备多为项圈。

2.4.4　牛群管理系统应用情况

使用牛群管理系统的奶牛场占 60.6%，管理系统的品牌相对分散，有利拉伐、阿菲金、奶业之星、一牧云、新牛人等品牌，其中阿菲金、一牧云、奶业之星使用率较高，均为 18.2%，其次为丰顿、新牛人、利拉伐等（图 4）。

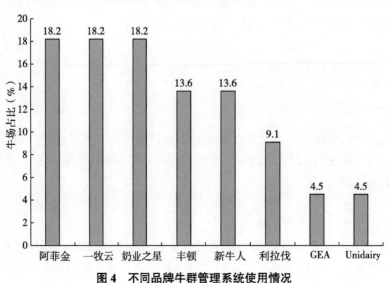

图 4　不同品牌牛群管理系统使用情况

2.4.5 饲喂系统及设备应用情况

南方地区的精准饲喂系统使用率约为 50%，品牌主要为科湃腾、国科斯达特和 DCT 等。几乎所有奶牛场都会使用 TMR 设备，国产的设备主要集中在澳新、友宏等品牌，进口设备主要集中在国科斯达特、郁金香等品牌。

调研结果显示，35.7% 的奶牛场已经实现了互相联通，可统一管理多个智能系统，46.4% 的奶牛场实现了智能系统的部分联通，17.9% 的奶牛场智能系统之间相对独立，没有完成互联互通。92.6% 的奶牛场表示，利用智能管理系统对于奶牛场制定管理具有较大或非常重要的意义。

2.5 奶厅管理

2.5.1 挤奶机类型和品牌

挤奶机是奶牛场设备中非常重要的部分，奶牛场中使用并列式挤奶机的最多，占总奶牛场的 38.2%，奶牛场存栏主要在 1000～5000 头，5000 头以上存栏的奶牛场一般都会使用到转盘式挤奶机，有极少数 5000 头以上兼用并列式和鱼骨式挤奶机。使用鱼骨式和转盘式挤奶机的奶牛场分别占 26.5% 和 20.6%（图 5）。奶牛场中利拉伐挤奶机的占有率最大，为 44.0%，其次是 GEA，占 20.0%，再其后为阿菲金，占 12.0%（图 6）。使用转盘挤奶机的奶牛场每小时平均可挤奶牛 324 头，使用并列式挤奶机的奶牛场每小时平均可挤奶牛 208 头，使用鱼骨式挤奶机的奶牛场每小时平均可挤奶牛 76 头。80% 以上的奶牛场每天挤 3 次奶。

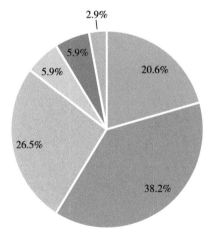

■ 转盘式　■ 并列式　■ 鱼骨式　■ 并列式+鱼骨式　■ 转盘式+并列式　■ 其他

图 5　南方地区挤奶机使用类型

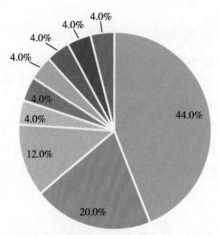

44.0%

20.0%

12.0%

4.0%
4.0%
4.0%
4.0%
4.0%
4.0%

■利拉伐 ■GEA ■阿菲金 ■博美特 ■SCR ■爱励农 ■马帝罗 ■鑫道成 ■万日牌

图6 南方地区挤奶机品牌使用情况

2.5.2 奶厅的设施

挤奶厅的整体管理水平关乎到生鲜乳的质量安全，也直接影响到奶牛场的利益。因此，从挤奶流程到细节管控，乃至挤奶过程中奶牛的状态都至关重要。由于南方气温较高，85%的奶牛场奶厅有防暑降温设施。采用单通廊和双通廊挤奶通道的奶牛场各占1/2，且奶牛场普遍会在奶厅的通道上安装蹄浴设施以对牛蹄进行清洗和药物护理，降低蹄病的发病率，近85%的奶牛场采用这种方法，其中50.0%的奶牛场使用混凝土蹄浴池，42.9%的奶牛场使用蹄浴设备，还有7.1%的奶牛场两者兼用。

为了保证挤奶的效率和奶牛的健康，根据国际行业内公认的原则，橡胶奶衬使用2500头次后应进行更换。有25.8%的奶牛场可以做到在使用2500头次之内进行更换，而多数奶牛场（58.1%）是在使用了2500～3000头次时进行更换的，另有3.2%的奶牛场是在奶衬出现损坏后才进行更换（图7）。

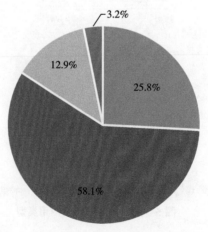

3.2%

12.9%

25.8%

58.1%

■2000～2499头次 ■2500～2999头次 ■3000～3999头次 ■不坏不换

图7 挤奶机奶衬的更换情况

2.5.3 乳房炎预防与监测

挤奶前后的药浴对于乳房炎的预防和生鲜乳质量的保证至关重要，目前主要的药浴方式分为药浴喷枪、药浴杯和药浴机器人 3 种，在调研的奶牛场中均是使用的前两种，药浴机器人还没有得到普遍应用。无论是前药浴还是后药浴，药浴杯都是更为普遍的使用方法，分别有 80.0% 和 93.35% 的奶牛场在前后药浴时使用此方法，具体见图 8。挤奶过程也是揭发奶牛乳房炎的一个重要时段，42.4% 的奶牛场会在挤奶过程中做牛奶电导率检测，36.4% 的奶牛场会进行血乳检测。91% 的奶牛场表示会定期进行奶牛乳房炎评估。

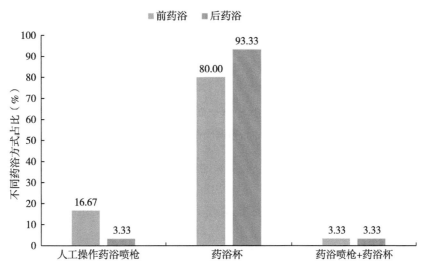

图 8 挤奶前后药浴方法的使用情况

2.5.4 生鲜乳产量记录与处理

对于产奶量的记录，66.7% 的奶牛场可实现自动记录产奶量，其中有的奶牛场还将自动记录和人工记录相结合，另外 33.3% 的奶牛场还处于人工记录产奶量的状态。挤出的生鲜乳，35.5% 的奶牛场将其输送至冷藏罐进行冷却，51.6% 的奶牛场则采用板片式热交换器冷却，9.7% 的奶牛场同时使用两种方法进行冷却处理。

2.6 粪污处理

南方地区受到气候和环境的双重约束，奶牛生产需要更长的通风时间和更大的用水量。目前，南方地区奶牛场采用最多的是机械刮粪板清粪，而通风的方式以自然通风为主。

2.6.1 清粪方式

南方地区的奶牛场普遍存在环保压力，奶牛场的牛粪处理也是环保的重头和难点。目前所有的奶牛场也都会配备粪污处理设备，做得好的奶牛场还能够将其资源化利用，而清粪是最基础的工作。目前，清粪的方式主要有人工清粪、机械刮粪板清粪，铲车清粪以及吸粪车清粪等。在调研的奶牛场中，使用最多的清粪方式是机械刮粪板清粪，占总奶牛场的 57.6%，还有的奶牛场多种方式兼并使用，具体见图 9。

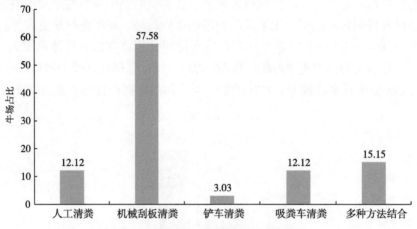

图 9　奶牛场不同清粪方式使用情况

粪污清理后的处理方式有很多种，42.4% 的奶牛场会将全部或部分牛粪做成卧床垫料，39.4% 的奶牛场会将其进行堆肥发酵，这其中多数奶牛场会同时结合其他方式进行处理，如使用沼气池、做生物发酵床、做牛床垫料或卖给周边农户等；30.3% 的奶牛场会考虑将粪污交给第三方进行处理，也会有少量奶牛场利用粪污养殖蚯蚓。另外值得一提的是，几乎没有自然堆放的处理，直接还田利用的也非常少，仅有 6.0% 的奶牛场会选用此种方法。

2.6.2　卧床垫料

对于卧床垫料，奶牛场使用最多的是牛粪，占 39.4%，使用牛粪和其他材料共同做垫料的占 18.2%，用沙子和橡胶垫的较少，分别占 9.1% 和 3.0%，另外锯末也是少数奶牛场考虑的垫料材料，具体见图 10。

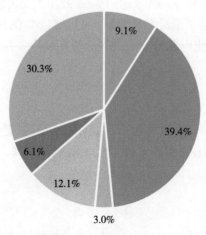

图 10　奶牛场牛床垫料的选择情况

用牛粪做垫料虽然在南方地区普遍使用，但也存在一些问题，奶牛场反映的问题，主要是牛粪的水分问题，如到了冬季水分较高，或者在雨季牛粪反潮，垫料本身水分较重等。

对于污水处理的方式，14.7%的奶牛场会直接还田；21.2%的奶牛场会进行达标处理后排放；将污水排入沼气池和氧化塘的奶牛场各占30.3%；33.3%的奶牛场会将污水排入沉淀池后进行干湿分离。

2.6.3 奶牛场通风和用水

超过50%的奶牛场牛棚内采用自然通风，42.4%进行机械通风，6.1%两者结合。几乎所有奶牛场在奶牛采食位上安置的都是颈夹，也有少数奶牛场安置颈夹的同时也安置部分颈杠，单纯安装颈杠的奶牛场仅占9.6%。另外，在调研中，有一个有意思的现象，作为土地资源并不丰富的南方地区，用水成本原则上应该较高，但此次调研显示只有27.3%的奶牛场表示用水成本较高或非常高。

3 生鲜乳生产与销售

南方奶业产区每日平均销售生鲜乳37.57吨，2022年下半年销售均价为4.94元/kg，与2021年基本持平。奶牛场距离加工厂的平均距离为239km，运输牛奶的车辆32.3%为奶牛场提供，38.7%为第三方提供，29%为加工厂提供。生鲜乳销售实行优质优价、月结款方式。但奶牛场普遍反映地方的指导价格没有太大用处，定价乳品企业仍占主导权，且存在一定的诚信问题（表1）。针对当前的奶业形势，41.7%奶牛场考虑自建加工厂以抵御市场波动风险。

表 1   南方地区不同季节单产和指标情况

项目	单产（kg）	乳脂率（%）	乳蛋白率（%）	体细胞数（万个/mL）	菌落总数（万CFU/mL）
冬季	31.69	3.99	3.37	18.28	2.53
夏季	28.20	3.86	3.30	21.18	3.30
优质优价基础指标		3.36	2.95	28.29	14.13
优质优价奖励指标		3.69	3.21	18.50	3.86

4 结论

　　南方地区奶牛的单产水平要低于北方地区，但质量并不差。 在冬季，南方地区奶牛单产水平分别比华北地区和西北地区低 4.9% 和 5.7%；在夏季，单产差距会更大，单产水平分别比华北地区和西北地区低 12.1% 和 15.3%。存在此差距的主要原因为南方高热高湿的天气环境。虽然受环境影响较大，但南方地区的养牛水平和牛奶质量并不差。调研数据显示，南方地区奶牛场所产生鲜乳的乳脂率和乳蛋白率均高于华北地区，与西北地区相比，夏季的乳脂率是较高的。

　　南方地区的奶牛养殖成本普遍偏高。 由于受到土地配套和环保政策的双重限制，南方地区的奶牛养殖成本普遍偏高，据调研，南方地区的公斤奶成本为 4.55 元 /kg，饲料成本为 3.21 元 /kg，分别比西北地区高 15.8% 和 10.3%。南方地区种植青贮玉米的质量也普遍低于北方地区，南方地区的玉米青贮干物质平均水平为 30.3%，淀粉含量为 28.0%，这一水平均低于西北地区和华北地区。其中，干物质含量比华北地区低 6.2%，比西北地区低 3.8%；淀粉含量比华北地区低 8.8%，比西北地区低 9.3%。再加之，青贮玉米的种植量并不能完全供应南方地区的奶牛养殖，需要从其他地区购买或者是进口，也进一步加重了南方地区奶牛养殖的成本。

5 相关建议

　　技术创新克服环境劣势。 采用横向机械通风封闭式牛舍、隧道通风式牛舍等牛舍建造新工艺。据了解，南方地区建造横向机械通风封闭式牛舍可减少 50% 的污水量，提高 40% 的土地利用率，有效缓解产奶量季节性波动。持续推进南方奶牛遗传改良，提高牛群遗传品质，逐步在种源上缓解奶牛抗热应激问题。加强牛群防暑降温管理，从营养结构、疫病防控、舒适度改善、投入品优化等入手，精细化管理牛群，降低奶牛体内外热应激程度。

　　种养一体化缓解粪水处理和饲料紧缺压力。 还田是公认的处理奶牛场粪水的最好途径，目前南方地区粪水还田的奶牛场仅为 14.7%，此比例还有提升空间。据测算对比，还田比纯工业处理粪水成本降低 70% ～ 80%，节省 25% ～ 35% 的环保投入。南方奶牛场可因地制宜种植适宜饲喂的作物品种，奶牛粪水还田给作物生长提供养分，种养一体化实现利润最大化。

　　优化南方地区乳业发展环境。 基于多数奶牛场有意向发展乳制品加工。应该呼吁适当下调南方乳制品加工行业准入门槛，将《乳制品加工行业准入条件》中"加工规模为日处理原料乳能力（两班）200 吨以上"中的 200 吨标准下调至 50 吨，提高中小奶牛场抗市场风险能力，增强奶源稳固性。

华北地区规模奶牛场生产管理现状调研报告

2022 年 6—10 月《中国乳业》编辑部在全国范围内围绕奶牛场生产管理情况开展调研，采取问卷和实地调研相结合的方式，收集到规模奶牛场问卷 320 份。其中华北地区问卷 141 份，涉及北京、天津、河北、河南、山东、山西 6 个省（市），覆盖奶牛近 20 万头，调研奶牛场规模分布情况如表 1 所示。

表 1 调研奶牛场规模分布及占比情况

项目	100～500 头	501～1000 头	1001～3000 头	3000 头以上	合计
奶牛场数量（个）	37	52	41	11	141
占比（%）	26	37	29	8	100

华北地区是我国传统的奶业主产区，该地区奶类产量约占全国的 30%，奶牛存栏约占全国 27%[1]，奶类产量和奶牛存栏比重均较大。华北地区奶牛养殖水平也高于全国平均水平。研究华北地区奶牛场生产管理情况对全国奶牛养殖业具有借鉴意义，对我国奶业竞争力的提升也具有重要意义[2]。

1 华北地区奶牛场基本情况

1.1 奶牛场的性质和投资主体

大部分奶牛场为私营性质，占 75%；其次为国营性质，占 9%；合资和联营性质的奶牛场占比很小。奶牛场的投资主体主要为私人和乳品企业，各占 70% 和 20%，仅有 2% 的奶牛场为乳品企业控股。由此看，华北地区的奶牛养殖和乳品加工也存在很大的分离。

1.2 奶牛场建成时间

2008 年"三聚氰胺事件"之后，行业快速发展，大量的奶牛场开始投建，但 2015 年之后随着行业陷入低迷和环保形势趋紧，建设热度逐渐冷却。调研发现，华北地区在 2008—2015 年成立的奶牛场占全部奶牛场的一半以上。2000 年之前成立的占 5.7%；2000—2008 年成立的占 27.1%；2008—2015 年成立的占 55.0%；2015 年之后成立的占 12.1%，大部分奶牛场成立时间 8 年以上。

1.3 负责人学历结构与养殖年限

学历水平和从业年限都是评价奶牛场负责人的重要指标。调研发现，华北地区奶牛场负责人从业年限较长，但学历较低。仅有 39.5% 的奶牛场负责人的学历为大专及以上，远低于 2018 年调研结果（87.5%）[3]。负责人从业年限平均为 14.5 年，高于 2018 年的研究结果（14.32 年）[3]。

2 饲养管理情况

2.1 繁育情况

2.1.1 奶牛品种及来源

奶牛场的奶牛品种以荷斯坦为主，占调研总存栏的 98.10%，其次为西门塔尔牛和娟姗牛，分别占 0.90% 和 0.80%，还有极少奶牛场养殖蒙贝利亚牛，占 0.06%。

对于奶牛的来源，73% 的奶牛场采用自繁自养，不考虑购买；11% 的奶牛场选择在国内奶牛场购买；仅有 4% 的奶牛场采用从国外购买；还有一些奶牛场选择自繁自养与国内购买结合，或自繁自养与国外进口结合，如图 1 所示。调研奶牛场进口的奶牛几乎全部来自澳大利亚，进口奶牛的主要目的是新建奶牛场和改良目前的牛群结构。

图 1 奶牛来源方式分布情况

2.1.2 冻精和胚胎移植

（1）国产冻精与进口冻精

目前国产冻精的质量有了很大提高，但很多奶牛场还是依赖进口冻精。调研发现，使用进口冻精的奶牛场远大于使用国产冻精的。仅使用国产冻精的奶牛场占 17.1%；仅使用进口冻精的占 36.6%；兼用国产和进口冻精的占 46.3%，其中大部分奶牛场会将进口冻精用于高产奶牛，国产冻精用于中低产奶牛。

（2）普通冻精与性控冻精

随着性控冻精产母犊率水平不断提高和成本的不断降低，越来越多的奶牛场意识到了性控冻精的好处，选择使用性控冻精。但考虑到成本和效率，84.3% 的奶牛场使用进口冻精的同时使用普通冻精，性控冻精主要在青年牛上使用（青年牛的受胎率比经产牛高），经产牛用普通冻精。仅有3.7%和3.0%的奶牛场表示，全群使用普通冻精和全群使用性控冻精。还有一些奶牛场为节约成本表示只会在青年牛首配时使用性控冻精，但占比很少。

（3）冻精品牌

国内冻精品牌众多，调研发现市场占有率排前4位的分别为北京奶牛中心、山东奥克斯、赛科星和鼎元。进口冻精品牌市场占有率前5位分别为先马士、亚达－艾格威、美国环球种畜、美国ST和向中，其中先马士占比最大，约占20.0%；其次为亚达－艾格威和美国环球种畜，各占17.3%，如图2所示。

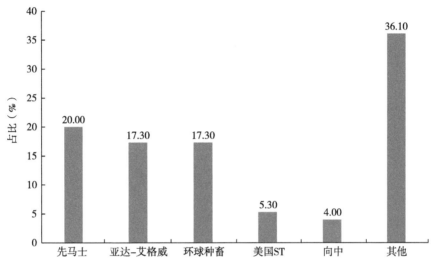

图2　进口冻精品牌市场占有率情况

（4）胚胎移植技术

胚胎移植技术是改良和补充奶牛场核心群的最快捷的方式之一，但由于技术要求和成本较高，国内奶牛场应用并不多。调研奶牛场中，有12.8%的奶牛场应用胚胎移植技术，其中，50.0%的奶牛场使用国产胚胎，50%使用进口胚胎。

2.1.3　发情监测

人工观察仍是奶牛场最普遍的揭发发情的方法。82.1%的调研奶牛场采用人工揭发，其中仅靠人工观察的占31.4%，使用计步器配合人工的占28.6%，使用项圈配合人工的占22.1%。仅有17.9%的奶牛场不依靠人工，完全依靠计步器、项圈或乳孕酮水平进行发情揭发，减少了工作量，但是有时会出现不准确的情况。目前被行业认可最准确的方案是采用人工和计步器或项圈配合，50%以上的奶牛场采用。

目前项圈和计步器市场占有率排前4位品牌分别为阿菲金、SCR、利拉伐和睿宝乐，其中阿菲金占比最大，占45.3%；其次为SCR占21.3%，利拉伐占14.7%，如图3所示。

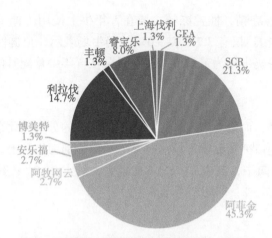

图3　计步器和项圈品牌市场占有率分布情况

2.1.4　妊娠监测

使用B超检查奶牛是否妊娠准确度高且简便，是当下奶牛场最普遍的方法，其次为配后28天血检。76.8%的调研奶牛场采用配后30～35天B超检查奶牛妊娠，其中60.1%的奶牛场只采用该技术，16.7%的奶牛场会同时采用配后40天＋手工直肠、配后28天血检等。30.3%的奶牛场会采用配后28天血检或配合30～35天B超检查或配后40天＋手工直肠监测。22.5%的奶牛场采用配后40天＋手工直肠或配合30～5天B超检查或配后28天血检。

2.1.5　同期发情

同期发情可以让奶牛场保持较好的牛群结构，也便于奶牛场的管理。调研奶牛场全部使用同期发情技术，但采用的方案有所不同。其中采用双同期技术的奶牛场最多，占42.0%；采用预同期技术的占31.9%；采用单同期技术的占21.0%，如图4所示。

2.1.6　平均利用胎次和青年牛始配天数

调研奶牛场平均利用胎次为3.7胎，高于全国平均水平（2.8胎），其中高于2.8胎的奶牛场占77.2%。青年牛始配天数平均为429天（约14个月），其中，低于14个月的奶牛场占64.1%，低于16个月的占90%以上。

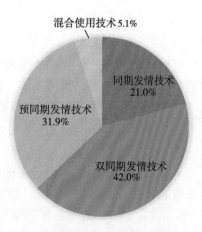

图4　同期发情技术方案应用情况

2.2 饲料营养

2.2.1 种植基地

为降低饲料成本和满足饲料需求，奶牛场都会建立种植基地。调研发现，72.5%的奶牛场配有种植基地，但有的为自有土地，约占50%左右，其他则是通过租赁、流转的土地。种植基地面积也相差较大，小的仅有几十亩，最大的近万亩，不同规模奶牛场差异不明显。81%奶牛场的种植基地种植青贮玉米或小麦，小部分种植苜蓿和燕麦。

2.2.2 玉米青贮

调研奶牛场的玉米青贮质量水平较高，干物质含量平均为32.3%，淀粉含量平均为30.7%。约75.0%的奶牛场自制玉米青贮可以满足奶牛场需求，剩余的奶牛场需要外购裹包青贮或使用其他品种青贮，目前看，种植青贮玉米还有很大的需求空间。

2.2.3 环保饲料的应用

近年来环保饲料在奶牛场应用越来越广泛，品种也越来越多。调研奶牛场中65.0%使用环保饲料，其中使用最广泛的环保饲料类型为有机微量元素，48.4%的奶牛场使用；其次为微生态制剂和酶制剂，分别有30.1%和25.8%的奶牛场使用。合成氨基酸、中草药、植物提取物和除臭剂在奶牛场应用比例较小，寡糖类物质、有机酸几乎没有应用，如图5所示。

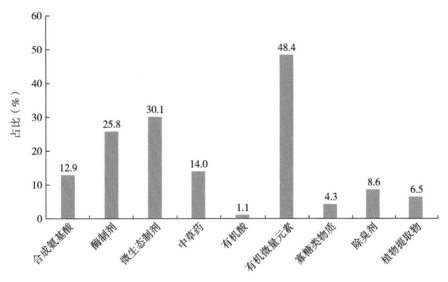

图5 环保饲料应用情况

2.2.4 饲料配方设计

随着饲料企业服务的不断延伸，很多饲料加工企业为奶牛场设计饲料配方。目前奶牛场饲料配方的设计主要有 3 种方式：调研奶牛场中 46.2% 通过自有的专职营养师设计；36% 通过预混料企业设计；16.2% 通过饲料添加剂企业设计，使用预混料企业和饲料添加剂多为中小规模奶牛场，大规模奶牛场都设有专职的营养师。

2.3 疾病、死淘和干奶用药情况

2.3.1 疾病发病情况

调研发现，犊牛腹泻在奶牛场发病率最高，其次为亚临床酮病。在常见疾病中，临床型乳房炎的月均发病率为 3.50%，肢蹄病为 3.65%，子宫炎为 4.04%，胎衣不下为 3.25%，临床酮病为 2.82%，亚临床酮病为 5.85%，产后瘫痪为 1.38%，真胃变位为 1.45%，犊牛腹泻为 5.90%，犊牛呼吸道疾病综合征为 3.52%。

疫病会给奶牛场带来不可估量的损失，不同奶牛场暴发疫病种类也各不相同。调研发现，46.9 的奶牛场最普遍发生的疫病是病毒性腹泻，23.4% 的奶牛场最普遍发生的疫病为牛传染性鼻气管炎，如图 6 所示。

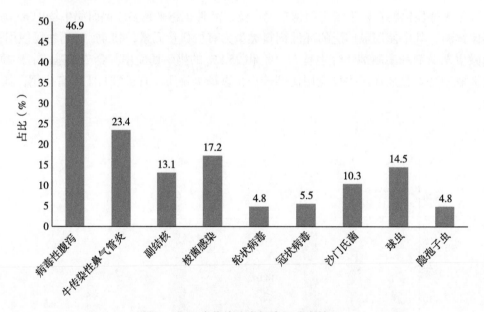

图 6 非 A 类传染病在奶牛场分布情况

2.3.2 死淘率和影响因素

调研奶牛场的死淘率平均为 14.86%，繁殖疾病、代谢性疾病和肢蹄病是造成奶牛淘汰的最重要因素，44.0% 的奶牛场认为造成奶牛淘汰的最主要因素是繁殖疾病，36.7% 的奶牛场认为是代谢性疾病，36.0% 的奶牛场认为是肢蹄病，如图 7 所示。

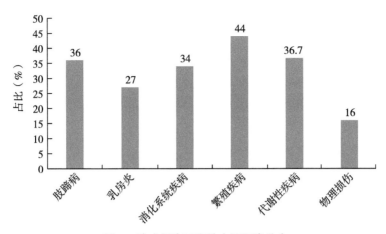

图7 造成奶牛死淘的主要因素分布

2.3.3 常见疾病对奶牛场收益的影响

奶牛常见疾病对奶牛场收益造成很大的威胁，但是不同疾病对奶牛场效益的影响程度各不相同。调研发现，不同疾病对奶牛场效益的影响程度由大到小的排序为乳房炎、肢蹄病、繁殖疾病、消化系统疾病、代谢性疾病。乳房炎和肢蹄病虽然不是奶牛场发病率最高的疾病，但是最影响奶牛场效益。

2.3.4 干奶用药

奶牛场会根据具体情况对奶牛采取不同的干奶方案。调研的奶牛场中，77.8%在全群使用干奶药，16.4%在部分牛群使用，仅有5.7%完全不使用。使用封闭剂可以有效预防干奶期的乳腺感染，未来会逐渐地取代干奶药。48.5%的调研奶牛场不使用封闭剂，24.6%在部分牛群使用，26.9%表示会在全群使用。

2.4 DHI测定

2.4.1 参测情况

DHI测定可以为奶牛场管理牛群提供科学的方法和手段，同时也为育种工作提供完整而准确的数据资料。但是考虑到成本和复杂程序等问题，很多奶牛场没有进行DHI测定，39.2%的调研奶牛场表示不进行DHI测定，其中还有7.1%的奶牛场表示没有奶牛的系谱记录。

2.4.2 奶样采集

DHI测定很重要的一项就是对奶样奶指标的检测，但是由于不同时间采集的奶样的奶指标会有很大的不同。调研发现39.8%的奶牛场进行中班奶采样，22.4%的奶牛场进行早班奶采样，20.4%的奶牛场进行晚班奶采样，仅有17.4%的奶牛场进行早中晚混合采样，

目前很多 DHI 检测机构认为早中晚混合采样的结果最能反映奶牛的真实情况。

2.4.3 报告指标关注情况

不同的奶牛场负责人对 DHI 报告中所关注的指标也各不相同。调研发现，负责人最关注的 DHI 指标前 7 项排序为日产奶量、年产奶量、泌乳持续力、乳蛋白率、脂蛋比体细胞、乳脂率、繁殖状况。

2.5 智能化技术应用情况

2.5.1 身份识别技术

现代身份识别技术的载体包括电子耳标、计步器或脚环、项圈等，该技术在奶牛场应用非常普遍。调研发现，83.2% 的奶牛场应用现代身份识别技术，但应用载体有的奶牛场采用 1 种，有的采用 2 种及以上。对于使用的载体，35.8% 的奶牛场使用电子耳标，其中外挂式电子耳标占 24.8%，嵌入式电子耳标占 11.0%；38.0% 的奶牛场使用计步器或脚环；30.7% 的奶牛场使用项圈；只有 16.8% 的奶牛场不使用任何身份识别技术。

2.5.2 牛群管理系统

牛群管理系统减少了人工录入，大大提高了奶牛场的牛群管理效率。调研发现。65.5% 的奶牛场采用牛群管理系统。牛群管理系统的品牌相对分散，使用阿菲金和新牛人各占 22.3%，使用阿牧网云的占 12.6%，使用奶业之星的占 7.8%，如图 8 所示。

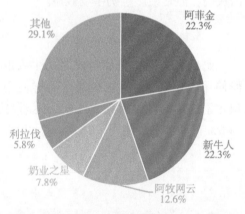

图 8 不同品牌牛群管理系统市场占有率情况

2.5.3 精准饲喂系统和 TMR 设备

精准饲喂可以提高动物采食量、提高营养利用率、减少废物排放、提高农场盈利率。62.9% 的调研奶牛场采用精准饲喂系统。精准饲喂设备的品牌主要为阿牧网云、科湃腾和南京丰顿，分别占 22.5%、21.3% 和 12.5%。几乎所有的奶牛场都使用 TMR 饲喂设备，国产的设备品牌主要集中在澳新、百牧旺等，进口设备主要集在国科斯达特、郁金香和库恩等。

2.6 奶厅管理

2.6.1 挤奶机和挤奶次数

挤奶机是奶牛场智能设备的最核心组成，主要类型有并列式、鱼骨式、转盘式和挤奶机器人。调研奶牛场中使用并列式挤奶机的最多，占总奶牛场的 54.9%，其次为鱼骨式，占 28.2%，转盘式占 15.5%，由于挤奶机器人设备成本太高，调研奶牛场中没有应用。挤奶机的品牌主要有利拉伐、阿菲金、GEA 和 SCR，其中使用利拉伐品牌最多，占 29.2%；其次是阿菲金，占 27.4%，GEA 和 SCR 分列第三和第四位，分别占 16.0% 和 15.1%，如图 9 所示。挤奶的次数跟奶牛场的管理情况息息相关，74.6% 的奶牛场每天挤奶 3 次，22.3% 的奶牛场每天挤奶 2 次，仅有 3.1% 的奶牛场挤奶 4 次，4 次挤奶对奶牛场的管理要求很高，如果管理水平跟不上，会造成严重乳房疾病，给奶牛场造成巨大的损失。

奶厅管理系统一般都与挤奶机配套使用，可以有效提升奶厅管理效率。调研的奶牛场中，76.7% 应用奶厅管理系统，主要品牌为利拉伐、阿菲金、GEA 和 SCR，跟挤奶机品牌基本一致，如图 10 所示。

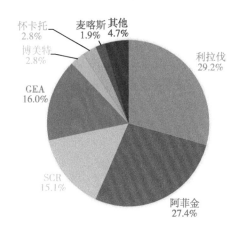

图 9　不同品牌挤奶机分布情况

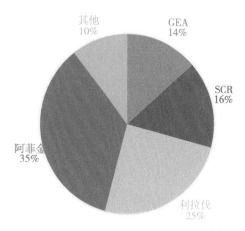

图 10　奶厅管理系统品牌市场占有率分布情况

2.6.2　奶厅专职人员和重要设施

奶厅管理是奶牛场的重中之重。调研发现，87.3% 的奶牛场都设有专职人员对挤奶机等重点设备进行例行检查。81.1% 的奶牛场在奶厅设置了处置区。几乎 100% 的奶牛场都在奶厅设置了防暑降温设施。69.9% 的奶牛场采用双通廊，30.1% 的奶牛场采用单通廊。95% 的奶牛场会在挤奶通道上设置蹄浴设施。

2.6.3　药浴方式

挤奶前后的药浴是防范乳房炎、保证奶牛的乳房健康重要环节。目前药浴方式主要分为药浴喷枪、药浴杯和药浴机器人 3 种。在调研奶牛场中，除一家奶牛场采用药浴机器人外，其他全部采用药浴喷枪和药浴杯，72.1% 采用药浴杯，27.9% 采用喷枪药浴。

2.6.4　乳房炎检测

挤奶过程是揭发奶牛乳房炎的一个重要时段，目前主要检测方式是进行电导率检测和血乳检测，88.2% 的调研奶牛场表示在奶厅会定期进行奶牛乳房炎的评估。其中，52.2%

的奶牛场会在挤奶过程中做牛奶电导率检测，45.1% 的奶牛场会进行血乳检测。

2.6.5 生鲜乳记录

除两家奶牛场不对单头奶牛进行产奶记录外，其余奶牛场会对每头奶牛的产奶量进行记录。调研奶牛场中 71% 采用挤奶机自动记录，26.8% 采用人工记录，2.2% 采用以自动挤奶和人工配合记录。

2.7 粪污处理

2.7.1 牛棚清粪方式

随着环保压力与日俱增，奶牛场的粪污处理情况直接关系着能否继续经营。奶牛场非常重视清粪和粪污处理，调研的奶牛场清粪方式主要有人工清粪、机械刮粪板、铲车以及吸粪车清粪等。40.6% 的奶牛场采用铲车，39.9% 采用吸粪车，35.7% 采用刮粪板，仅有 18.9% 采用人工，人工和水冲清粪都是作为铲车、吸粪车、刮粪板清粪辅助进行的，如图 11 所示。

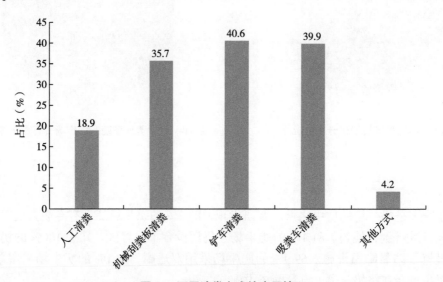

图 11　不同清粪方式的应用情况

2.7.2 粪污处理

目前国内粪污处理方式有很多种，奶牛场会根据实际情况选择一种或者多种方式进行处理。调研发现，生产牛床垫料和堆肥发酵是奶牛场处理粪污的最主要方式，选择以上两种方式的奶牛场分别占 47.9% 和 41.0%；其次是直接还田和卖给周边农户，分别占 22.9% 和 21.5%。由于环保和成本要求，对粪污进行自然堆放、通过第三方处理、养殖蚯蚓、发酵机处理等方式在奶牛场中应用还较少。

奶牛场污水处理方式也有很多，有的奶牛场会使用多种处理方式配合使用，目前主要的污水处理方式有 4 种：46.4% 的奶牛场会将污水排入沉淀池后进行干湿分离，35.7% 会将污水排进氧化塘，19.3% 直接还田，17.9% 进行处理后达标排放，但达标排放的成本很高。

2.7.3 卧床垫料

国内奶牛场处理粪污的最主要方式之一就是将其生产成卧床垫料。调研的奶牛场中使用处理过的牛粪做垫料的最多，占 50.8%，使用沙子的占 31.8%，沙子和处理过的牛粪配合使用的占 9.8%，使用橡胶垫和稻壳的占比很少，如图 12 所示。

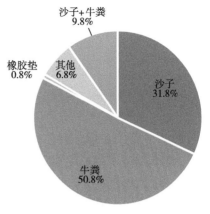

图 12　牛床垫料的选择情况

3　生鲜乳生产与销售

生鲜乳的营养指标乳蛋白率、乳脂率和卫生指标体细胞数、菌落数是衡量生鲜乳品质的关键，调研发现，所有奶牛场的乳指标和卫生指标均符合国家标准且平均水平远高于国家标准；平均产奶量在 10 吨左右，高于 2022 年全国水平 8.5 吨。如表 2 所示。在生鲜乳价格上，调研奶牛场 2022 年下半年生鲜乳销售均价为 4.08 元 /kg，相比于 2021 年的价格（4.30 元 /kg）降低了 5%。

表 2　调研奶牛场乳产量和平均乳指标情况

季节	日单产（kg）	年产量（吨）	乳脂率（%）	乳蛋白率（%）	体细胞数（万个 /mL）	菌落总数（万 CFU/mL）
冬季水平	33.32	10.16	3.98	3.35	17.09	1.93
夏季水平	32.10	9.79	3.73	3.20	22.01	2.06

4　结论

通过调研发现，华北地区奶牛场的奶牛养殖水平较高，奶产量和奶牛利用胎次远高于全国平均水平，乳指标也远高于国标水平，大部分奶牛场管理设备齐全，先进饲养管理技术的应用水平较高。但是跟欧美地区先进的奶牛场相比，还存在很大的差距，比如 50% 以上的奶牛场管理系统不能兼容，造成奶牛场管理效率大打折扣；粪污处理还是采用将粪污排进氧化塘，随着粪污的不断增加，氧化塘建了一个又一个，造成极大的安全隐患和环境风险；还有近 40% 的奶牛场不进行 DHI 测定等。

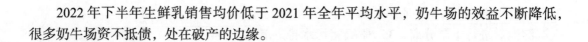

2022 年下半年生鲜乳销售均价低于 2021 年全年平均水平，奶牛场的效益不断降低，很多奶牛场资不抵债，处在破产的边缘。

5　相关建议

继续推进奶牛场的信息化建设。目前华北产区奶牛场的信息化建设已取得了很大的进步，比如现代身份识别装置、奶厅管理、发情管理、牛群管理等智能化管理系统在大部分奶牛场应用水平较高，但是仍有一些奶牛场沿袭传统工艺、技术和方法，饲养管理仍然依靠传统的人工模式，奶牛妊娠预警、健康状况、饲养工艺等仅凭经验，奶牛场的牛群结构、产奶情况、生产报表主要靠人工统计，数字化、标准化、精细化管理比较匮乏。此外，在奶牛场信息化管理系统中，由于行业技术壁垒问题，很多不同品牌的设备和系统之间存在不能兼容联通的问题，降低了奶牛场的管理效率。建议继续推进奶牛场的信息化建设，提升奶牛场全要素生产率，以信息化助推奶牛场精细化管理。加快设备和系统的升级进程，提高奶牛场信息化设备和系统的兼容性，创设不同信息化管理系统之间的连接端口，让奶牛场管理系统相互兼容，让决策更加全面、更加精细，效率更高。

加强粪污处理的支持力度。奶牛粪便及废弃物的排放量十分惊人，是畜禽养殖最主要的污染源[4]。随着环保日益趋紧，做好粪污的处理利用直接关系着奶牛场能否继续经营。然而目前粪污的处理需要很高的成本，调研中发现很多奶牛场尤其是中小型奶牛场，资金能力不足，不能购买先进的粪污处理设备，也没有足够的土地对粪污进行消纳，经营难以为继。建议加大对奶牛场粪污处理的相关政策和资金支持，或者协调财政部门、银行等金融机构设立奶牛场粪污处理设备信贷基金，帮助奶牛场解决购买粪污处理设备贷款难的问题。

坚定不移地推进奶牛 DHI 测定。定期的 DHI 测定有效反映了奶牛场饲养管理的水平，专业系统的分析可以发现近段时间饲养管理出现的问题，及时采取改进措施，避免奶牛场产生更大损失。此外，DHI 测定还可以为育种工作提供完整而准确的数据资料，对于奶牛场自繁自育和提高国家奶牛的育种进程意义重大。但是很多奶牛场只顾眼前利益，不参与 DHI 测定，调研中发现近 40% 的奶牛场不定期进行 DHI 测定，甚至还有很多奶牛场没有奶牛的系谱记录，这无论是对奶牛场还是对行业的可持续发展都是非常不利的。建议加大对奶牛场负责人的培训，认识到 DHI 测定的重要性，同时采取措施让 DHI 检测的补助更广泛地普及中小规模奶牛场，让更多的奶牛场自觉地参与进来，提高奶牛场的饲养管理水平，为全国的奶牛改良奠定良好的基础。

鼓励奶牛场建乳品加工厂。调研发现，奶牛场对于生鲜乳的价格依然没有话语权，既使一些省份出台了生鲜乳指导价格，乳品企业对生鲜乳的定价仍占主导地位，它们又当"裁判员"，又当"运动员"。为平衡养殖和加工之间的利益联结机制，建议降低奶牛场建设乳品加工厂的门槛，让一部分有条件的奶牛场建立加工厂，同时也鼓励加工厂入股奶牛养殖企业，形成产业链一体化，养殖和加工组成利益共同体，让产业链的发展更加健康、可持续。

参考文献

［1］中国奶业年鉴 2019［M］.北京：中国农业出版社，2020.

［2］于博然，魏秀芬，巩前文.华北奶业发展现状、问题及对策思考［J］.农村经营管理，2008，64（6）：17-19.

［3］王礞礞，邵大富，张超，等.中国奶牛养殖业人力资源现状、存在问题及措施建议［J］.黑龙江畜牧兽医，2020，602（14）：12-17.

［4］施正香，孙飞舟，刘志丹，等.我国奶牛养殖粪污综合治理和资源有效利用的现状与对策［J］.中国畜牧杂志，2013，49（20）：35-40.

西北地区规模奶牛场生产管理现状调研报告

2022 年 6—10 月《中国乳业》编辑部开展了大规模一线调研，采取问卷和实地调研相结合的方式，共收集规模奶牛场问卷 320 份。其中，西北规模奶牛场问卷 75 份，包括新疆、甘肃、山西、宁夏 4 个省（区），共覆盖奶牛存栏 33 万头。

从地理区域看，西北地区土地资源丰厚，牧草地面积约占全国的 1/3、农作物秸秆资源丰富，该地区生产的生鲜乳质量高且养殖成本较低，因此，西北地区的奶牛数量和产量都在全国处于领先的水平。同时，西北地区也存在发展过速导致的技术滞后等问题。根据此次调研结果，对西北地区奶牛养殖相关情况进行梳理，具体如下。

1 奶牛场基本情况

1.1 奶牛场性质

西北地区的奶牛场性质以私营和国营为主，调研奶牛场中，52.1% 的奶牛场为私营企业，31.5% 的奶牛场为国营企业，集体、企业或联营性质的奶牛场不足 17%。奶牛场投资主体以个人投建为主，占奶牛场的 42.5%，另有 26.0% 的奶牛场为乳企自建，17.8% 的奶牛场为乳品企业控股，主体类型相对均衡。

1.2 奶牛场规模

本次调研的 75 家奶牛场中，存栏 1000 头以下的 13 家，占 17.3%；存栏 1001 ~ 2000 头的 20 家，占 26.7%；存栏 2001 ~ 5000 头的 21 家，占 28.0%；存栏 5000 头以上的 21 家，占 28.0%。

1.3 奶牛场负责人学历情况

西北地区奶牛场负责人普遍具有较高的学历和丰富的养殖和管理经验。调研奶牛场中，负责人学历水平为本科及以上的占 42.5%，8.2% 的负责人学历达到研究生水平，奶牛场负责人学历水平为大专的占 41.1%。仅有 16.4% 的负责人学历低于大专水平。79.7% 的奶牛场负责人从业年限超过 10 年。

1.4 奶牛场牛群结构

西北地区近年来不断加速扩大养殖规模。67.1% 的奶牛场表示养殖规模不断扩大，仅有 4.1% 的奶牛场存栏减少。在牛群结构方面，成母牛约占总存栏比例的 50% 左右。泌乳牛占比相对较低，平均占总存栏的 45.1%；后备牛占比较高，平均占总存栏的 35.8%。

2 饲养管理情况

2.1 繁育情况

2.1.1 奶牛品种与来源

西北地区主要品种为荷斯坦奶牛，其他品种如娟姗牛、西门塔尔牛、弗莱维赫牛等占比极少。调研结果显示，西北地区荷斯坦奶牛总存栏占奶牛场总存栏的 98.8%。

在奶牛来源方面，有 77.3% 的奶牛场采用自繁自育的方式，16.0% 的奶牛场会选择从澳大利亚、新西兰、智利等国家进口奶牛，主要是新建奶牛场所需，只有较少数从国内其他奶牛场购买，或者将其作为买牛的补充形式。

2.1.2 冻精的选择和使用

国产与进口冻精使用情况。对于国产和进口冻精的选择和使用，61.5% 的奶牛场选择进口冻精，32.3% 的奶牛场会兼用国产冻精和进口冻精，但使用比例不一。调研奶牛场中，6.2% 的奶牛场完全使用国产冻精。

普通和性控冻精的选择。对于冻精的类型，79.0% 的奶牛场混合使用冻精，即头胎牛使用性控冻精，经产牛使用普通冻精，9.7% 的奶牛场全部使用性控冻精，仅有 3.2% 的奶牛场全部使用普通冻精，其他奶牛场采用其他方式，如青年牛前 3 次使用性控冻精、头胎牛和经产牛使用普通冻精等。

冻精品牌的选择。对于冻精的品牌，国产冻精主要以上海育种中心、北京奶牛中心、赛科星、鼎元、山东奥克斯几个品牌为主。进口冻精的品牌较多，其中，进口普通冻精品牌中，先马士和亚达－艾格威的使用最多，均占总奶牛场的 16.7%，其次为赛科星和美国环球种畜，均占 13.0%，之后依次为美国 ST、向中、ABS 等（图 1）。在进口性控冻精中，美国环球种畜是使用最多的品牌，占 19.2%，其次为亚达－艾格威，占 17.0%，之后依次为先马士、赛科星、美国 ST 等（图 2）。

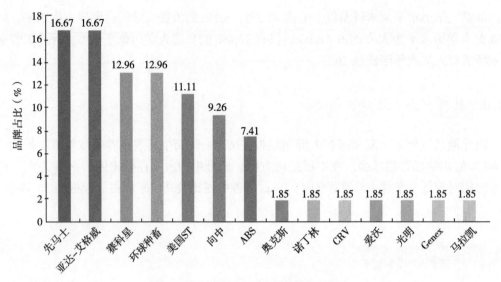

图1 不同品牌进口普通冻精使用占比

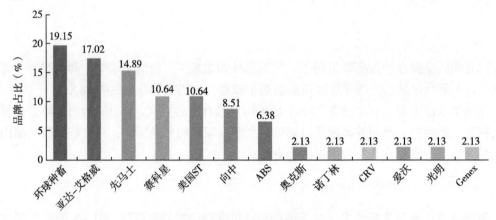

图2 不同品牌进口性控冻精使用占比

2.1.3 繁殖技术使用

同期发情技术应用情况。绝大多数的奶牛场均使用同期发情技术，占92.0%，其中双同期技术使用的最多，为44.9%，其次为预同期技术，占27.5%，使用同期技术的奶牛场占13.0%。其中两者兼用的奶牛场占8.8%，三者皆使用的奶牛场占5.8%。

发情揭发技术应用情况。发情揭发技术中，靠人工揭发技术还是普遍的方法，有49.3%的奶牛场均会用到人工揭发技术，这其中有将近47.2%的奶牛场会同时配合使用其他技术，如计步器、项圈等。发情监测设备的使用品牌，主要以阿菲金为主。

妊娠检查技术的应用。妊娠检测技术中，84.7%的奶牛场会采用到配后30～35天B超检查的方法，其中17.3%的奶牛场还会配合40天+手工直肠检查或28天检查的方法，仅有9.7%的奶牛场只采用28天检查的单一方法。

2.1.4 繁育成绩评估

奶牛平均利用胎次为 4.1 胎，成母牛在群的平均胎次为 2.7 胎，高的可达到 5 胎次，青年牛始配天数平均为 385 天；产犊间隔为 388 天，305 天产奶量为 10.1 吨，平均单产 28.8kg/天，平均泌乳天数 188 天，青年牛配准需要输精 2.29 次，成母牛需要 2.57 次，实繁率平均为 74.4%。青年牛年平均 21 天怀孕率 42.3%，经产牛年平均 21 天怀孕率 29.7%。

2.2 饲料营养

2.2.1 作物种植情况

奶牛场中有 30.7% 的奶牛场没有任何形式的种植地。具有种植基地的奶牛场平均种植面积为 1418.5 亩，种植作物以玉米为主，还包括苜蓿、燕麦等。土地类型主要为流转种植基地，面积数约占所有种植基地面积数的 48.5%。65.3% 的奶牛场使用地上式混凝土青贮窖作为青贮的储存区。

2.2.2 青贮饲料质量与使用

西北地区的玉米青贮干物质含量平均为 31.5%，其淀粉含量平均为 30.9%。78.1% 的奶牛场表示，2022 年玉米青贮可满足奶牛场需求，不能满足生产所需的奶牛场主要靠外购裹包青贮或使用降低青贮用量增加干草用量等方式解决。2020 年，青贮制作成本平均为 670 元/吨，2021 年，其制作成本上涨为 784 元/吨，上涨幅度达到 17.0%。

2.2.3 环保饲料应用情况

近些年，环保饲料渐入大家视野，66.7% 的西北地区奶牛场会使用环保饲料，其中使用较多的是酶制剂和微生态制剂，分别占比 19.6% 和 29.4%，合成氨基酸、有机酸、微量元素和除臭剂也有奶牛场在使用，但不多。

2.3 疾病防治

西北地区疾病高发时间集中在 7—8 月，犊牛腹泻为西北地区发病率较高的奶牛疾病，年死淘率平均为 21.6%，乳房炎对奶牛场收益影响最大。

2.3.1 疾病发病率

临床乳房炎的月均发病率为 3.0%，其中发病率最低的省份为陕西省，仅为 1.8%，最高的省份为宁夏，月均发病率为 3.7%。肢蹄病月均发病率为 3.2%，子宫炎月均发病率为 4.5%，胎衣不下月均发病率为 3.4%，临床酮病月均发病率为 3.2%，亚临床酮病月均发病率为 5.2%，产后瘫痪月均发病率为 1.3%，真胃变位月均发病率为 1.5%，犊牛腹泻月均发病率为 8.0%，犊牛呼吸道疾病综合征月均发病率为 2.8%。

2.3.2 奶牛场死淘情况

西北地区年死淘率平均为 21.6%，造成 45.3% 的奶牛场奶牛死淘的主要原因相对单一，或是因为肢蹄病、乳房炎、消化系统疾病、代谢性疾病，或是奶牛遭受到了物理损伤而不得不淘汰。而其余的奶牛场则均为复合性因素导致奶牛死淘，其中肢蹄病和乳房炎几乎是每个奶牛场导致死淘的必然因素，消化系统疾病、繁殖疾病以及代谢性疾病在不同的奶牛场对奶牛死淘有不同程度的影响。

另外，从调研结果显示，乳房炎对奶牛场收益影响最大，而后依次为肢蹄病、繁殖疾病、消化系统疾病、代谢性疾病。

2.3.3 奶牛场用药

在干奶药的使用方面 77.8% 的奶牛场会在全群使用，仅有 1.4% 的奶牛场表示不使用干奶药；25.8% 的奶牛场会全群使用封闭剂，48.5% 的奶牛场并不使用封闭剂。西北地区奶牛场普遍存在的非 A 类传染病主要是病毒性腹泻和梭菌感染，常进行的疫苗免疫有梭菌疫苗、山羊痘、口蹄疫疫苗和巴氏杆菌疫苗。疫苗的年度预算费用平均为 19.6 万元，预算最多的可达 100 万元，最少的仅有 2 万元；药品的年度预算为 45.0 万元，其中抗生素年度预算平均为 16.3 万元，激素类药物年度预算为 10.9 万元，抗炎药年度预算为 9.0 万元，驱虫药年度预算为 5.0 万元，营养药年度预算为 7.4 万元。

2.4 DHI 测定情况

2.4.1 DHI 参测情况

DHI 有效提高了奶牛群体品质，极大地改善了牛群的健康状态，为奶牛的辅助选种提供了重要的依据。西北地区调研奶牛场中，78.7% 的奶牛场进行了 DHI 监测，83.1% 的奶牛场每月监测 1 次。

2.4.2 DHI 奶样采集情况

奶样采集的班次对 DHI 数据有一定的影响。53.7% 的西北地区奶牛场选择使用中班奶进行 DHI 监测，使用早班奶和晚班奶进行检测的比例为 16.7% 和 9.3%。18.5% 的奶牛场将早中晚三次奶混合进行检测，这也是公认更为准确的检测方式。另有极个别的奶牛场将早中两班奶混合检测。

2.4.3 奶牛场最关注的 DHI 报告指标

在本次调研中，最受关注的五项 DHI 报告指标依次为脂蛋比体细胞数、泌乳持续力、305 天产奶量、乳脂率和乳蛋白率。日产奶量和牛奶损失也是奶牛场较关注的指标。另外有约 40% 的奶牛场表示会特别关注尿素氮指标。

2.5 智能化设备应用情况

2.5.1 身份识别设备应用情况

对于身份识别装置，39.7% 的奶牛场使用计步器，27.9% 的奶牛场使用耳标，其中使用外挂式电子耳标的奶牛场占 58.0%，使用嵌入式耳标的占 26.3%，耳标和项圈兼用的占 15.7%；另外，没有身份识别装置的奶牛场占 17.6%。

2.5.2 奶厅管理系统应用情况

西北地区约 81.7% 的奶牛场拥有奶厅管理系统，其中 79.6% 的奶牛场同时拥有奶厅管理系统、发情管理系统、牛群管理系统。奶厅管理系统的品牌主要集中在阿菲金、SCR、GEA、利拉伐 4 种。其中，阿菲金的奶厅管理系统使用占比为 38.6%，SCR 的使用占比为 20.5%，GEA 的使用占比为 18.2%，利拉伐的使用占比为 11.4%，还有一些奶牛场使用其他品牌，但是集中度不高（图 3）。

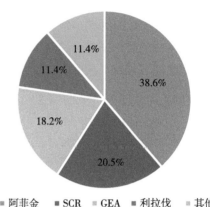

图 3　奶厅管理系统品牌使用情况

2.5.3 发情管理系统应用情况

调研奶牛场中使用发情管理系统的奶牛场约占 75.0%，其中阿菲金的使用率最高，占 33.3%，其次为 SCR 品牌，占 22.2%。配套发情管理系统的身份识别设备多为项圈。

2.5.4 牛群管理系统应用情况

使用牛群管理系统的奶牛场占总调研奶牛场的 81.7%，管理系统的品牌相对分散，有新牛人、阿菲金、一牧云、奶业之星等品牌，其中新牛人使用率较高，占 22.4%，其次是阿菲金，占 20.4%。

2.5.5 饲喂系统及设备应用情况

西北地区的精准饲喂系统使用率约为 68.3%，品牌主要为科湃腾、国科斯达特和一牧云等，较为分散。几乎所有奶牛场都会使用 TMR 设备，国产的设备主要集中在澳新、百牧旺等品牌，进口设备主要集中在国科斯达特、郁金香等品牌。

2.5.6 智能设备的互联互通情况

调研结果显示，40.3% 的奶牛场已经实现了互相联通，可统一管理多个智能系统，37.3% 的奶牛场实现了智能系统的部分联通，22.4% 的奶牛场智能系统之间相对独立，没有完成互联互通。88.2% 的奶牛场表示，利用智能管理系统对于奶牛场制定管理具有较大或非常重要的意义。

2.6 奶厅管理

2.6.1 挤奶机类型和品牌

挤奶机是奶牛场设备中非常重要的部分，调研奶牛场中使用并列式挤奶机的最多，占总奶牛场的54.2%；鱼骨式和转盘式挤奶机的使用奶牛场分别占总奶牛场的20.8%和18.1%，有少数奶牛场兼用几种形式的挤奶机（图4）。调研奶牛场中阿菲金挤奶机的占有率最高，为28.1%，其次是GEA和利拉伐，均占25.0%，再次为SCR，占14.1%（图5）。使用转盘式挤奶机的奶牛场每小时平均可挤奶牛375头，使用并列式挤奶机的奶牛场每小时平均可挤奶牛184头，使用鱼骨式挤奶机的奶牛场每小时平均可挤奶牛107头。85%以上的奶牛场每天挤3次奶。

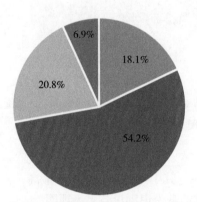

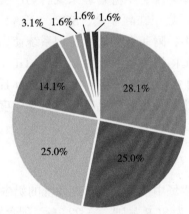

图4 西北地区挤奶机使用类型

图5 西北地区不同品牌挤奶机的使用情况

2.6.2 奶厅的设施管理水平

挤奶厅的整体管理水平关乎到生鲜乳的质量安全，也直接影响到奶牛场的利益。因此，从挤奶流程到细节管控，乃至挤奶过程中奶牛的状态都至关重要。由于奶牛的热应激水平较高，参加调研奶牛场的奶厅全部设有防暑降温设施。其中68.1%的奶牛场采用双通廊挤奶通道，31.9%的奶牛场采用单通廊挤奶通道，奶牛场普遍会在奶厅的通道上安装蹄浴设施以对牛蹄进行清洗和药物护理，以降低蹄病的发病率，其中52.2%的奶牛场使用混凝土蹄浴池，47.8%的奶牛场使用蹄浴设备。

为了保证挤奶的效率和奶牛的健康，根据国际行业内公认的原则，橡胶奶衬使用2500头次后应进行更换。在调研的奶牛场中，有31.3%的奶牛场可以做到在使用2500头次之内进行更换，而多数奶牛场（52.2%）是在使用了2500～3000头次时进行更换，其他奶牛场则是使用更多次后进行更换（图6）。

2.6.3 乳房炎预防与监测

挤奶前后的药浴对于乳房炎的防御和生鲜乳质量的保证至关重要，目前主要的药浴方式分为药浴喷枪、药浴杯和药浴机器人 3 种，在调研的奶牛场中均是使用的前两种，药浴机器人还没有得到普遍应用。无论是挤奶前药浴还是挤奶后药浴，药浴杯都是更为普遍的使用方法，分别有 75.4% 和 88.4% 的奶牛场在前后药浴时使用此方法（图 7）。挤奶过程也是揭发奶牛乳房炎的一个重要时段，51.5% 的奶牛场会在挤奶过程中做牛奶电导率检测，36.4% 的奶牛场会进行血乳检测。89.7% 的奶牛场表示会定期进行奶牛乳房炎评估。

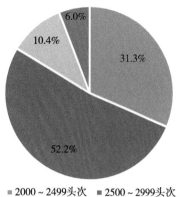

图 6　挤奶机奶衬的更换情况

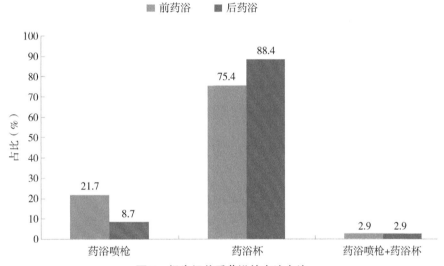

图 7　奶牛场前后药浴的方法占比

2.7　粪污处理

西北地区主要采用清粪机、固液分离机和拉粪车进行粪污处理，而通风的方式以自然通风为主。通风方式使用自然通风和机械通风的奶牛场基本各占 50%。

2.7.1　清粪方式

奶牛场的牛粪处理是环保的重头和难点。调研的所有西北地区奶牛场均配备了粪污处理设备，部分奶牛场还将其资源化利用。目前，清粪的方式主要有人工清粪、机械刮粪板清粪、铲车清粪和吸粪车清粪等。在调研的奶牛场中，使用较多的清粪方式是铲车清粪和机械刮粪板清粪，分别占总奶牛场的 34.7% 和 33.3%，几乎没有奶牛场使用单一的人工清粪方式，还有的奶牛场多种方式兼并使用（图 8）。

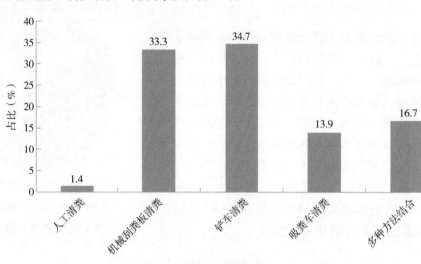

图 8　奶牛场清粪方式

粪污清理后的处理方式有很多种，调研奶牛场中 48.6% 的奶牛场会将全部或部分牛粪进行堆肥发酵，37.5% 的奶牛场会将其做成卧床垫料。这其中大部分奶牛场会同时结合其他方式进行处理，如使用沼气池、做生物发酵床、做牛床垫料等。有 23.6% 的奶牛场会选择直接还田利用，18.1% 的奶牛场会考虑将粪污交给第三方进行处理或卖给周边的农户，也会有极少量奶牛场进行自然堆放处理。

2.7.2　卧床垫料

对于奶牛卧床垫料，调研的西北地区奶牛场使用沙子的最多，占 37.5%，使用牛粪做垫料的占 30.6%，使用橡胶垫做垫料的占 6.9%。另有 18.1% 的奶牛场使用其中两种垫料（图 9）。

对于污水处理的方式，37.5% 的奶牛场将污水排入氧化塘，27.8% 的奶牛场会将污水排入沉淀池后进行干湿分离，20.8% 的奶牛场会直接还田；15.3% 的奶牛场会进行达标处理后排放。

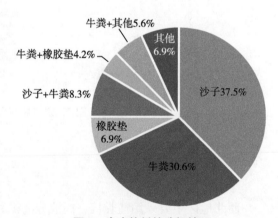

图 9　牛床垫料的选择情况

2.7.3　奶牛场通风和用水

调研奶牛场中一半以上牛棚内采用自然通风，42.5% 进行机械通风，11.0% 两者结合。大部分奶牛场在奶牛采食位上安置的都是颈夹，也有少数奶牛场安置颈夹的同时也安置部分颈杠，单纯安装颈杠的奶牛场仅占 11.0%。在用水方面，有 48.0% 的奶牛场表示用水成本较高或非常高，仅有 21.9% 的奶牛场认为用水成本较低。

3 生鲜乳生产与销售

3.1 生鲜乳产量记录与处理

对于产奶量的记录，76.5% 的奶牛场可实现自动记录产奶量，其中有的奶牛场还将自动记录和人工记录相结合，另 23.5% 的奶牛场还处于人工记录产奶量的状态。挤出的生鲜乳，53.7% 的奶牛场将其输送至入冷藏罐进行冷却，31.3% 的奶牛场则采用板片式热交换器冷却，11.9% 的奶牛场同时使用两种方法进行冷却处理，3.1% 的牧场采用其他方式进行冷却。

3.2 生鲜乳质量与售价

西北地区每日平均销售生鲜乳 24.12 吨，2022 年下半年销售均价为 4.83 元 /kg，比 2021 年上涨了 12.9%（表 1）。

表 1　西北地区生鲜乳质量指标

项目	单产（kg）	乳脂率（%）	乳蛋白率（%）	体细胞数（万个 /mL）	菌落总数（万 CFU/mL）
冬季	33.59	4.02	3.29	16.57	1.21
夏季	33.28	3.84	3.18	19.70	1.40
优质优价基础指标		3.44	3.12	27.30	59.68
优质优价奖励指标		3.60	3.27	15.07	15.03

3.3 生鲜乳的运输

奶牛场距加工厂的平均距离为 206km，运输牛奶的车辆 45.7% 为奶牛场提供，34.3% 为第三方提供，14.3% 为加工厂提供。生鲜乳销售实行优质优价定价，79.7% 的奶牛场采用月结款方式。仅有 5.1% 的奶牛场会被压月支付奶费，整体销售形势稳定，因此，仅 30.4% 的奶牛场表示考虑自建加工厂以抵御市场波动风险。

4 结论

调研发现，西北地区奶牛场养殖规模不断扩大、养殖水平较高。特别是土地资源丰富，自有种植土地产出的玉米青贮即可基本满足奶牛场需求，环保饲料的应用程度居全国领先水平。西北地区奶牛发病率较低，但死淘率略高于其他产区，在疾病防治水平上略显不足。大多数西北地区奶牛场应用了智能化设备并逐步实现设备间的互联互通。基于适宜环境温度，西北地区奶牛场多使用自然通风，且均配备了有效的粪污处理设备。生鲜乳产量高，生鲜乳质量高于全国平均水平。

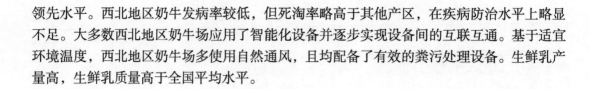

5 对于西北地区发展的对策建议

对老旧奶牛场进行改扩建，促进地区养殖水平均衡发展。西北地区奶业发展历史悠久，起步较早，因而存在一部分早期建成的老旧奶牛场。此类奶牛场仍在采取较为原始的奶牛饲养方式，养殖水平相对落后。但由于资金压力及无政策支持，处于苦苦支撑的状态，不利于该地区奶牛养殖的均衡发展。建议对该类奶牛场进行评估，通过资金支持、借贷优惠等方式鼓励养殖户对奶牛场进行改扩建，并依托西北地区高校、院所等机构进行技术帮扶。促进西北地区高速发展，不断提高该区域奶牛场的生产管理水平。

加强定价垄断监督，及时调控生鲜乳价格，提高养殖户积极性。西北地区土地资源丰富，气候适宜，是奶牛养殖的优势产区，相应的饲料成本等养殖成本相对其他产区更低。然而部分受调研奶牛场反映，乳品企业生鲜乳价格压价严重且存在垄断定价的情况，致使西北地区的公斤奶收益率远低于其他产区。建议建立生鲜乳定价监督机制，切实推行优品优价，加大奶牛养殖保险的支持力度，最大程度保障养殖户的利益。

Because the health of the udder
is the health of the farm

便携式近红外分析仪

 饲料和青贮分析

 兼容连通性强，数据交换方便

 监控饲料可变性

 实时分析，无需等待，无需样本预准备

X•NIR
手持式
近红外分析仪

AGRI•NIR
你的便携式实验室

dinamciagenerale.com

Dinamica Generale 的便携式近红外分析仪将实验室验证的技术变得触手可及，使其可供非科学家使用，无论是营养学家还是牧场员工。结果可在现场几秒钟内获得，使营养学家和农场经理能够及时更改饲喂策略，提高饲料效率和降低剩余量。

达麦柯农业科技（上海）有限公司
大客户经销商：北京优博维尼科技有限公司
010-62988528